AF369415

DU FEU

EN AIGUILLES

PAR

M. FOUCHER

Vétérinaire en premier du Dépôt de Remonte d'Angers,
Chef du service vétérinaire du 5ᵉ corps d'armée,
Membre de la Société Vétérinaire des départements de l'Ouest,
Membre de la Société de Médecine d'Angers,
Membre correspondant de la Société de Médecine-Vétérinaire
de la Charente-Inférieure.

Prodesse, sat est.

ANGERS

IMPRIMERIE LACHÈSE ET DOLBEAU
13, Chaussée Saint-Pierre, 13.

—

1881

DU FEU

EN AIGUILLES

DU FEU

EN AIGUILLES

PAR

M. FOUCHER

Vétérinaire en premier du Dépôt de Remonte d'Angers,
Chef du service vétérinaire du 5e corps d'armée,
Membre de la Société Vétérinaire des départements de l'Ouest,
Membre de la Société de Médecine d'Angers,
Membre correspondant de la Société de Médecine-Vétérinaire
de la Charente-Inférieure.

Prodesse, sat est.

ANGERS

IMPRIMERIE LACHÈSE ET DOLBEAU
13, Chaussée Saint-Pierre, 13.

1881

A MON VÉNÉRÉ MAITRE

M. H. BOULEY

Membre de l'Institut et de l'Académie de Médecine
Professeur de Pathologie comparée au Muséum d'histoire naturelle
Inspecteur général des Écoles vétérinaires, etc.

HOMMAGE DE RECONNAISSANCE

INTRODUCTION

Le feu en aiguilles, sans être une *panacée*, constitue un agent thérapeutique des plus énergiques, adopté par un grand nombre de praticiens et appelé, je l'espère, à remplacer tout à fait la cautérisation superficielle. En dehors de ses propriétés curatives, démontrées par un très grand nombre de faits cliniques, il a l'immense avantage, par la rapidité de son application, qui peut le plus souvent être faite debout, d'éviter les accidents résultant de la contrainte prolongée, imposée aux chevaux pour l'opération du feu ordinaire.

Les critiques dont ce procédé chirurgical a été l'objet, les polémiques auxquelles il a donné lieu, ont largement contribué à le propager, ses champions ayant toujours apporté à l'appui de leurs arguments des faits bien et dûment constatés.

Partisan convaincu de ce genre de cautérisation, je crois être utile à mes confrères, en leur faisant connaître le résultat de mes nombreuses expériences à ce sujet.

Tel est le but de cette brochure, où je cherche à résumer les articles qui ont été publiés relativement au feu en aiguilles, soit pour le combattre, soit pour le défendre.

Je dédie mon humble travail à mon vénéré maître, M. H. Bouley qui, plus sage que beaucoup d'autres, ne s'est point laissé dominer par sa première impression, qui était le doute, quand je lui ai fait part des effets remarquables de la cautérisation en pointes fines et pénétrantes. Il a voulu voir : il a vu, et il s'est incliné devant l'évidence des faits.

DU FEU

EN AIGUILLES

La cautérisation actuelle, a dit M. Bouley, est l'application méthodique, à la surface ou dans la profondeur des tissus, de corps doués de propriétés irritantes ou désorganisatrices, en vertu du calorique dont ils sont imprégnés, c'est-à-dire que l'action de ces corps est momentanée, *actuelle* et qu'elle s'atténue et disparaît à mesure que leur température s'abaisse.

La cautérisation actuelle a de tout temps été considérée comme un énergique moyen thérapeutique, et ses nombreuses applications en médecine vétérinaire en font un des plus précieux agents de la chirurgie des animaux domestiques, et peut-être celui qui est le plus fréquemment employé. Hippocrate a consacré l'excellence du feu par cet aphorisme resté célèbre : *Quoscumque morbos medicamenta non sanant, ferrum sanat ; quos ferrum non sanat, ignis sanat ; quos vero ignis non sanat, insanabiles existimare opportet.* (Hipp. sect. VIII, aph. 6.

Elle doit être divisée, suivant la manière dont on l'applique, en feu superficiel et en feu pénétrant.

Le feu superficiel ne devant pas m'occuper ici, j'arrive de suite au feu profond ou pénétrant.

Ce feu, son nom l'indique, consiste à porter dans l'épaisseur des tissus ou des organes l'instrument chargé de calorique.

Le but qu'on se propose en le mettant n'est pas toujours le même et il y a plusieurs manières de l'appliquer.

Historique.

Solleysel, à qui revient en grande partie le mérite d'avoir restitué à la pratique vétérinaire cette opération presque tombée en désuétude à son époque, recommande dans ces termes un certain mode de cautérisation :

« Que s'il boitte encore (le cheval) après les neuf jours que j'ai ordonnez, faites lui donner le feu autour du gros mouvement de l'épaule, de la largeur d'une assiette, le dit mouvement sera comme le centre de ce cercle, et *on percera le cuir avec des boutons de feu*, d'un pouce de distance d'une pointe à l'autre, qui occuperont tout cet espace compris dans le rond ; un bon ciroine et de la bourre sur le ciroine ; en travers le cheval et un patin à l'autre membre. L'escharre tombée, on lavera tous les jours le mal avec de l'eau-de-vie ; s'il boitte encore, après que les plaies seront guéries, il faut avoir patience et donner au feu le temps d'agir, frottant tous les jours avec l'onguent de Montpellier et promener en main le cheval. Que si tout cela ne guérit pas votre cheval, il ne guérira jamais. » (*Parfait Mareschal*, chap. LV, 1733.)

Le célèbre hippiatre employait aussi un genre de cautérisation qui se rapproche assez du feu en aiguilles : « On donne parfois, dit-il, des *semences de feu*, qui sont de petites pointes de fer, qui percent le cuir près à près. »

Le mode de cautérisation profonde, introduit dans la pratique par M. de Nanzio, de Naples, consiste à porter le cautère dans le tissu cellulaire sous-cutané et les muscles, préalablement mis à nu, à l'aide du bistouri. Je rappelle pour mémoire ce procédé qui diffère essentiellement du feu en pointes fines et pénétrantes.

Presque tous les opérateurs combinent depuis longtemps la cautérisation profonde avec la cautérisation superficielle et produisent ainsi une action résolutive plus complète.

« A cet effet, dès que l'opérateur reconnaît que la cautérisation en pointes superficielles a été poussée jusqu'au dégré suffisant, il substitue aux cautères à pointes mousses des cautères à pointes acérées, et il continue l'opération, en faisant pénétrer graduellement ces derniers, élevés à une température lentement croissante, à travers la peau d'abord, puis dans le tissu cellulaire sous-cutané, puis dans les parties plus profondes, suivant les indications spéciales. Mais comme le feu serait beaucoup trop concentré, si chacune des pointes de la cautérisation superficielle était rendue pénétrante, il faut borner l'action du feu profond, en ne faisant pénétrer le cautère aigu que par places disséminées, suffisamment distantes les unes des autres, lorsque les altérations morbides sont très étendues, ou bien seulement dans les points circonscrits où ces altérations sont confinées. » (BOULEY, *Dictionnaire pratique de médecine vétérinaire*, tome III, page 378.)

Les Arabes, à l'aide d'une faucille rougie au feu, pratiquent, depuis un temps immémorial, dans les synoviales articulaires et tendineuses, souvent dans le seul but de prévenir les maladies dont elles pourraient être atteintes, de grandes incisions de trois ou quatre centimètres, par lesquelles ils font écouler la synovie, n'usant pas d'autres précautions que de recouvrir les plaies de goudron ou de terre glaise. Presque tous les chevaux d'Afrique présentent, de chaque côté des boulets, des jarrets et des genoux, des cicatrices plus ou moins difformes qui en sont la conséquence.

L'innocuité constante d'une opération si audacieuse, m'a donné l'idée d'en faire usage, en la perfectionnant, alors qu'aucun vétérinaire n'avait osé rompre avec le *dogme du respect des synoviales*.

Le procédé de cautérisation pratiqué et préconisé par Urbain Leblanc, en 1836, (*Journal des Haras*, page 368) ne ressemble point à ceux que je viens de rappeler, non seulement par son manuel opératoire, mais encore et surtout par ses effets.

Les notes publiées à ce sujet par U. Leblanc, dans la *Chronique vétérinaire*, du mois de mai 1853, ont été résumées dans le *Journal de médecine vétérinaire militaire*, numéro de juillet 1875, par M. Lenck qui s'exprime de la manière suivante :

« Le meilleur mode de cautérisation consiste à traverser la peau avec des cautères à pointes très effilées, d'une demi-ligne à une ligne de diamètre, dans la partie qui doit pénétrer dans les tissus, et à atteindre même le

tissu cellulaire sous-cutané ; il en résulte pour longtemps
et quelquefois pour toujours une induration des tissus
formant un bandage inextensible ; ce qui est une condition indispensable, surtout dans le cas de tumeurs
molles. On obtient ainsi un effet plus complet que dans
la cautérisation ordinaire, soit en raies, soit en pointes,
trop souvent nulle dans ses résultats. A la suite de la
cautérisation en pointes fines et profondes, il reste autant
de petites cicatrices à la peau qu'il y a eu de pointes, et
il y a là précisément, surtout lorsqu'elles sont rapprochées, un véritable appareil compressif.

« Dans le cas de tumeurs synoviales, le feu appliqué
aussi profondément doit avoir une action très marquée
sur la vitalité des membranes synoviales.

« Les chevaux les plus irritables supportent mieux ce
mode de cautérisation que le feu en raies, souvent suivi
de tuméfactions énormes et douloureuses ; l'abatage est
rarement nécessaire ; une onction d'onguent vésicatoire
est presque toujours appliquée sur la partie cautérisée :
cette application peut être renouvelée plusieurs fois à
intervalles éloignés.

« Les traces laissées par ce feu sont peu apparentes
pour deux raisons : 1° les bulbes des poils étant détruits,
les poils ne poussent pas dans des directions aussi
variées que dans la cautérisation superficielle ; 2° il n'est
pas nécessaire d'étendre la cautérisation à plus d'un
pouce au delà de la partie malade. La principale précaution à prendre, après l'application du feu sur des vessigons ou des mollettes, c'est d'éviter les efforts violents
pendant un mois environ.

« La cautérisation ordinaire, en raies ou en pointes,
ne réussit le plus souvent que lorsqu'elle a été pratiquée

à outrance et contre les règles prescrites par tous les auteurs. En effet, le derme et les tissus sous-jacents sont atteints dans ce cas ; la texture en est changée ; ils sont surtout devenus plus denses, plus résistants, beaucoup moins extensibles ; n'y a-t-il pas là la meilleure condition de guérison du vessigon et de la mollette ? Oui, car il se produit alors un bandage compressif perpétuel.

« Leblanc a vu des articulations, des gaînes tendineuses malades, sur lesquelles le feu a été appliqué méthodiquement, et n'a trouvé aucune différence avec celles qui ne l'avaient pas reçu. Il ne croit pas à l'influence d'une durée prolongée de la cautérisation sur les fonctions d'absorption et d'exhalation des membranes synoviales, comme on le croit ordinairement pour expliquer favorablement l'action du feu sans lésions profondes de la peau.

« Donc la cautérisation outrée, maladroite, donne des résultats bien différents de la cautérisation méthodique superficielle. Il est vrai que c'est à la condition de défigurer d'une manière hideuse des régions quelquefois très vastes, qui n'offrent plus que des cicatrices étendues et raboteuses.

« C'est alors que Leblanc a pensé à une cautérisation en pointes fines et pénétrantes, qui aurait les avantages de la cautérisation outrée, sans en avoir les inconvénients.

« Lorsqu'en effet on couvre la surface d'une tumeur molle ou dure de pointes fines perforant la peau d'outre en outre, on forme une sorte de crible ; les petites ouvertures laissent écouler les produits inflammatoires de la peau et du tissu cellulaire sous-cutané ; en conséquence, il n'y a pas de distension extrême à craindre, et partant pas

d'escharres gangréneuses ; de plus, les cicatrices
multiples qui résultent des piqûres forment un espace
moins étendu que celui qui existait lors de la cautérisation ; le tissu cellulaire sous-cutané atteint par la pointe
du cautère devient très dense et peu extensible, et le
tout forme le bandage permanent dont nous avons parlé
plus haut. On peut même répéter la cautérisation sur la
même place, deux, trois, quatre fois, sans laisser de
traces très apparentes. Enfin, par une conséquence naturelle de ce qui vient d'être exposé, les animaux souffrent
peu pendant l'opération, qui est beaucoup moins longue
que dans la cautérisation ordinaire ; ils souffrent beaucoup moins aussi des suites de l'opération. »

Urbain Leblanc, cet infatigable pionnier du progrès,
a rendu un service signalé à la chirurgie vétérinaire
quand il a publié le résultat de ses expériences sur la
cautérisation en pointes fines et pénétrantes. C'est bien
lui qui, le premier, a eu l'idée de régler son application
méthodique ; mais son idée a marché, son procédé a été
modifié et modifié si totalement, qu'il n'est plus lui-
même, que dis-je, il a été remplacé par un autre.

Le genre de cautérisation que je pratique depuis 1862,
et que je préconise avec une foule de confrères, diffère
essentiellement de la méthode Leblanc : il est d'une tout
autre nature.

Leblanc a recommandé de ne point porter le fer rouge
au delà du tissu cellulaire sous-cutané, et moi, sans
souci des préceptes classiques, sans respect du *dogme*,
je fais pénétrer le cautère dans la profondeur des tissus
malades, qu'ils soient tendineux, cartilagineux ou
osseux, et je n'hésite pas, malgré le *noli me tangere*, à
perforer les synoviales articulaires ou tendineuses. C'est

là, si je ne m'abuse, une autre manière pour laquelle on est en droit de réclamer une priorité.

Cette priorité a d'ailleurs été revendiquée par plusieurs vétérinaires : tant il est vrai que la même idée a pu germer simultanément dans plusieurs cerveaux. Je suis persuadé, d'autre part, que plusieurs praticiens, en appliquant le feu Leblanc, ont ponctionné des synoviales sans le vouloir, et sont devenus, malgré eux, des innovateurs. Un grand mérite, à mon sens, revient aux propagateurs de la méthode et, avec M. Abadie et quelques autres, je prétends avoir largement contribué à la répandre ; je prétends que mes écrits, mes lettres et mes expériences l'ont fait accepter d'un grand nombre de vétérinaires, parmi lesquels plus d'un *saint Thomas.*

M. Bianchi, en 1865, a publié dans le *Journal de Lyon*, le résultat d'un feu pénétrant qu'il mit autour d'un boulet avec des aiguilles à tricoter, de grosseur moyenne. Son opération, faite sans trop de ménagements, en raison de la difficulté de manier des instruments aussi exigus et presque incandescents, ne causa pas d'accidents et fut suivie, à travers chaque ouverture, d'un écoulement abondant de sérosité, mais pas de suppuration.

M. Bianchi, dans sa relation, suppose que ses aiguilles ont atteint les surfaces articulaires ; mais loin de recommander les ponctions synoviales, il cherche à limiter la pénétration de ses pointes, en les étirant d'un cautère olivaire formant épaulement. M. Bianchi est si peu l'inventeur du feu à aiguilles que, dans son article de 1865, il avoue n'en avoir fait usage que sur la demande qui lui en fut faite par M. P..., grand amateur de chevaux, qui l'assura avoir vu un vétérinaire de Paris, qui mettait le feu, en traversant avec des aiguilles rougies les tumeurs de toute sorte. »

M. Abadie, de Nantes, dont le nom fait autorité en vétérinaire, mentionne un étalon, *Saint-Aignan*, pur sang, du dépôt d'Hennebont, qui reçut, en 1862, à l'âge de quatre ans, pour tendinites graves, un feu en pointes profondes, suivi d'écoulement abondant de synovie. Ce feu produisit assez d'effets pour que *Saint-Aignan* fût bientôt en état de prendre victorieusement part à quelques courses subséquentes.

M. Abadie, dans le *Recueil de* 1870, page 445, assure qu'il lui arrive souvent dans le cas de mollettes, d'ouvrir les séreuses sur une infinité de points, par lesquels la synovie s'écoule en grande quantité et toujours sans inconvénients.

L'igni-puncture a été utilisée dans la chirurgie humaine par plusieurs opérateurs, et, en 1770, M. Richet s'en est servi avec succès contre les arthrites chroniques et surtout pour combattre les fongosités synoviales ; et il a remarqué que l'inflammation consécutive à la cautérisation ne détermine pas de suppuration, que les tissus se cloisonnent et qu'un travail spécial s'y fait, qui aboutit à la diminution des parties malades.

Le savant professeur, dans un grand nombre de circonstances, a obtenu d'excellents résultats par ce procédé.

M. Dupouy, de Rochefort, a publié dans le *Bulletin thérapeutique* du 1er semestre 1875, un cas remarquable de guérison par le feu en aiguilles.

Une jeune personne portait au poignet une tumeur synoviale dite *hordéiforme* qui, inutilement traitée par l'incision avec évacuation de la synoviale et des corps fibroïdes, puis par une opération, suivie de pansements, et en troisième lieu par une nouvelle incision, disparut dans cinq ou six semaines par l'application de l'igni-puncture.

M. Dezanneau, professeur à l'École de médecine d'Angers, m'a dit avoir employé plusieurs fois, avec succès, l'acupuncture ignée, et les affirmations du célèbre chirurgien sont de celles qui comptent.

Le docteur Garnier, de Paris, dans son excellent dictionnaire de chirurgie, dit grand bien de ce genre de cautérisation.

Quant à moi, je l'ai dit déjà, l'idée du feu en pointes fines et pénétrantes m'a été suggérée en 1862, par les Arabes qui, de temps immémorial, ponctionnent les synoviales avec une faucille rougie au feu.

J'ai publié, en 1876, dans le *Journal de Médecine vétérinaire militaire*, le résultat de mes expériences sur ce mode de cautérisation, en faisant connaître son manuel opératoire et ses effets.

Je ne réclame pas une priorité à laquelle j'ai peut-être quelques droits : il me suffit d'avoir vulgarisé un procédé chirurgical excellent, appelé à rendre de très grands services à la médecine vétérinaire, à la profession à laquelle je m'honore d'appartenir.

Synonymie.

La cautérisation en pointes fines et pénétrantes, ainsi désignée par U. Leblanc, a reçu dans ces dernières années plusieurs autres noms, qui la caractérisent assez complètement pour être conservés, d'autant plus qu'ils facilitent le langage. On peut l'appeler indifféremment *cautérisation en aiguilles, à aiguilles, aiguillée, acupuncture ignée ou igni-puncture.*

Indications.

Le feu en aiguilles peut s'employer dans toutes les circonstances, *dans toutes celles sans exception*, où est indiquée la cautérisation superficielle.

Il constitue le plus énergique traitement des tumeurs osseuses, qu'elles soient autour des articulations ou sur le trajet des os. J'ai, par son usage, guéri des périostoses très étendues, très diffuses et fait disparaître des exostoses réputées incurables.

Il se montre utile, actif même, dans les engorgements froids des membres, sur les œdèmes anciens, idiopathiques ou symptomatiques.

Les indurations chroniques et si rebelles de la peau, qui surviennent à la suite de plaie ou de contusions, les bourses muqueuses, les éponges, les capelets, cette pierre d'achoppement des vétérinaires, sont traités avec succès par le feu en pointes fines et pénétrantes.

La cautérisation aiguillée est indiquée pour combattre les dilacérations des tendons ou des ligaments, l'atrophie ou l'induration musculaire ; mais elle est surtout efficace contre les dilatations synoviales articulaires ou tendineuses ou les transformations des parois de ces séreuses ; elle donne dans ces cas des résultats quasi-merveilleux.

Enfin elle rend quelquefois des services inattendus dans certaines circonstances, où, de l'avis de presque tous les praticiens, de d'Arboval, par exemple, il est irrationnel de mettre le feu ordinaire.

« Par la raison que le feu, dit d'Arboval, est le stimulant le plus énergique, le plus actif, il y aurait de la témérité, une grande imprudence à l'appliquer là où il y a exaltation des propriétés vitales, sur les parties qui sont en état de surexitation, qui sont irritées, enflammées. » (*Dictionnaire*, tome II, page 414.)

Ces recommandations, si sages à propos du feu superficiel, n'ont pas leur raison d'être pour l'igni-puncture, qui est au contraire un moyen chirurgical excellent et peu dangereux dans une foule de maladies aiguës.

Il est d'ailleurs facile de comprendre qu'avec la cautérisation profonde les accidents gangréneux, par excès d'inflammation, sont peu à craindre, puisque chaque piqûre est une ouverture qui donne issue aux liquides morbides dus à l'exagération de la vitalité, et que, par là même, la compression des tissus est à peu près impossible.

Cautères.

Les cautères dont on se sert pour l'application du feu en aiguilles sont de différents modèles. Chaque chirurgien semble avoir eu à tâche d'inventer le sien, en lui attribuant une supériorité réelle sur les autres. — Il m'est avis qu'avant de choisir un instrument ou même de se prononcer sur sa valeur, il est indispensable de savoir à quel mode de cautérisation on le destine.

Une pointe courte peut servir pour le feu Leblanc, qui ne va pas au delà du tissu cellulaire sous-cutané ; elle est insuffisante, si elle doit pénétrer dans la profondeur des tissus.

Je crois toutefois que tous les cautères préconisés peuvent être utilisés, et que le meilleur, pour atteindre le but qu'on se propose, tout en évitant les dangers d'une opération si grave en apparence, est, pour chaque praticien, celui dont l'habitude lui a le mieux appris le maniement.

Le cautère Leblanc, auquel M. Abadie donne la préférence, est de forme conique ou olivaire, à pointe très effilée, d'une demi-ligne à une ligne de diamètre dans la partie qui doit pénétrer dans les tissus. Il nécessite de la part de l'opérateur une grande dextérité, pour rester dans les limites voulues, afin d'éviter les *échappées* dans le sens de la profondeur et, comme l'a dit excellemment M. Bouley, si allongé que soit le cône qu'il constitue, il fait des blessures pénétrantes, beaucoup plus larges que celles de l'aiguille, et qui le sont d'autant plus que sa pénétration est plus profonde. On conçoit de quelle importance est cette considération au point de vue de la ponction des articulations par le feu ; mais son plus grave inconvénient est de se refroidir trop vite dans sa pointe, et par suite de ne pouvoir percer d'emblée les tissus qui, n'étant pas garantis par l'escharre peu conductible que produit un fer très chaud, sont désorganisés sur une trop grande étendue, tout autour de la pointe pénétrante.

Les cautères à épaulement, généralement employés aujourd'hui, sont formés d'un bloc de fer, d'où émerge une pointe étirée de sa masse, ou qui lui est adaptée par un système quelconque.

Ces instruments sont de tous points excellents :

l'épaulement servant de base à l'aiguille limite sa projection et donne ainsi une grande sûreté à l'opérateur, qui n'a pas à craindre d'aller trop profondément. Ils ont surtout l'immense avantage de conserver assez longtemps la chaleur.

Les cautères à épaulement ont été l'objet de critiques, qui prouvent péremptoirement que leurs détracteurs s'en sont peu ou mal servi.

« L'aiguille, a-t-on dit, se refroidit avec une grande rapidité, et après avoir traversé deux ou trois fois l'épaisseur de la peau, ce n'est plus une cautérisation qu'on produit ; mais une simple ponction capillaire, qui ne peut atteindre le but qu'on s'est proposé, en soumettant l'animal à la cautérisation. »

Ce sont là des affirmations catégoriques qui, malheureusement pour leur auteur, ne sont rien moins que prouvées. L'expérience démontre au contraire qu'une pointe métallique, adaptée à un bloc métallique, faisant corps avec lui, conserve son calorique, tant que ce bloc est à une température élevée, puisque c'est à lui qu'elle le puise. Ceci est tellement vrai qu'avec un cautère à épaulement on peut, le foyer étant éloigné de six ou sept mètres, faire huit ou dix trous avec la même pointe, sans la remettre au feu, et les derniers ne sont pas de simples ponctions capillaires, comme on l'a avancé, puisque l'aiguille refroidie ou peu chaude est incapable de transpercer les tissus.

« L'épaulement destiné à limiter la pénétration de l'aiguille, ajoute-t-on, cautérise la peau au moment où il se heurte contre elle et produit ainsi de larges plaies difficiles à guérir, laissant après elles des cicatrices saillantes, tarant l'animal plus que le feu ordinaire. »

Cet accident est peut-être à redouter pour le chirurgien inhabile, qui laisse séjourner sur la peau un morceau de fer rouge d'une centaine de grammes et répète deux ou trois fois la même opération : la peau est combustible ; mais j'ose affirmer que cette grave complication ne se produit jamais, si le cautère est employé suivant les règles du manuel opératoire et avec l'attention qu'on doit apporter à l'exécution de toute opération. Tous les instruments de chirurgie sont dangereux entre des mains inexpérimentées, tous nécessitent un apprentissage.

Le contact de l'épaulement et de la peau est excessivement court et son seul effet est de roussir ou carboniser les poils, pour en former une couche protectrice, très peu conductible, sorte d'écran naturel, de corps isolant, qui protège le derme du calorique direct ou rayonnant.

Il est évident, toutefois, que les cautères énormes qu'emploient certains vétérinaires nécessitent une assez grande dextérité pour éviter l'escharrification de la peau ; mais l'opérateur qui doute de son habileté, n'est point astreint à se servir d'un instrument qu'il est incapable de manier. Il est facile d'ailleurs de prévenir les accidents en laissant aux poils toute leur longueur ou, comme l'a indiqué M. Mathieu de Sèvres, en lotionnant préalablement la partie malade avec de l'eau froide qui, tout en insensibilisant la région, met la peau à l'abri des brûlures, en absorbant, par sa volatilisation une grande dose de calorique.

En résumé : la partie massive du cautère à épaulement conserve suffisamment la chaleur à la pointe, transmet peu ou pas de calorique rayonnant à la peau, en raison de la rapidité de l'opération et, en touchant sa surface

— 24 —

quand la pointe est tout entière plongée dans les tissus,
elle roussit seulement les poils, sans la cautériser.

Les cautères à épaulement destinés à l'application du
feu en aiguilles sont nombreux, et, si tous ont été
vantés par leurs auteurs, il en est plusieurs qu'il me
paraît inutile de décrire, tant ils sont peu pratiques.

Les opérateurs sont loin de s'accorder sur le choix du
cautère : les uns le veulent lourd, les autres le pré-
fèrent léger. Les avis sont partagés relativement à la
largeur de l'épaulement, ainsi qu'à sa disposition qu'il
faut plane, qu'il faut convexe. Le meilleur cautère est
formé d'une seule pièce, mais celui dont la pointe est
indépendante lui est supérieur.

Je crois, moi, qu'on doit préférer l'instrument dont,
par suite de l'habitude, on sait le mieux se servir.

Les cautères à épaulement formés d'une seule pièce
en fer ou en acier, avec une pointe étirée de leur
masse, ont des inconvénients, mais ils ont aussi des
avantages.

Leur pointe s'use vite sous l'influence de la chaleur,
et il est indispensable de la refaire souvent, aux dépens
de la masse du cautère, qui par conséquent dure peu ; elle
se recouvre d'une couche d'oxide rendant plus difficile,
moins rapide sa pénétration dans les tissus, qui peuvent
alors subir l'action plus ou moins prononcée du calorique rayonnant.

Ces instruments sont néanmoins précieux en raison
de leur bon marché et de la facilité de se les procurer
partout.

Le modèle Blanchi est olivaire, en acier ; sa pointe,
grosse comme une aiguille à tricoter a deux centimètres
de long.

Le cautère Lenk, est également en acier et olivaire,
avec une aiguille assez fine, qui varie dans sa longueur
suivant les cas. L'épaulement d'un petit diamètre brûle
facilement la peau en concentrant trop de calorique sur
le même point.

Le cautère en fer, que j'ai préconisé, il y a quelques
années, affecte la forme d'un cône dont le sommet tronqué présente dans son milieu une pointe plus ou moins
longue, selon la profondeur à laquelle on veut atteindre,
généralement de 15 millimètres, très aiguë à son extrémité libre, et 2 à 3 millimètres à sa base.

Voici au surplus la configuration et les dimensions de
cet instrument :

Forme	cône tronqué ;
Diamètre de la base.	20 millimètres :
Diamètre du sommet tronqué..	10 à 15 millimètres ;
Hauteur du cône	5 centimètres ;
Forme de la pointe.............	conique ;
Diamètre de la pointe à sa base.	2 à 3 millimètres ;
Longueur de la pointe..........	15 millimètres.

Le cautère à épaulement convexe dont j'eus l'idée,
reprise plus tard par M. Cavallin, est un instrument
médiocre, parce que dans les pénétrations profondes
son épaulement arrondi, en touchant la peau sur une
trop petite surface, la cautérise généralement tout autour
du trou et augmente ainsi la largeur de la cicatrice.

Le cautère Bénard a sa masse perforée suivant sa
longueur d'un trou central conique, dans lequel l'aiguille est introduite à coups de marteau, puis limée à la
longueur convenable ; si elle vient à brûler, il est facile
de la retirer et de la remplacer par une aiguille nouvelle.

J'ai renoncé à ce cautère, que j'employais avant M. Bénard, parce qu'il est moins commode que le cautère à pointe inaltérable de platine, qui rend tout au moins superflue la facilité de remplacer l'aiguille *ad libitum*.

Le cautère Rossignol a une aiguille mobile qui ne va pas au feu, et qu'on adapte au cautère chauffé à la faveur d'un conduit existant dans toute sa longueur, et qui s'y fixe, au moyen d'une cheville métallique traversant le *porte-chaleur* et la boucle formant l'extrémité supérieure de l'aiguille.

Quelques praticiens, pour éviter la cautérisation de la peau, ont imaginé de la protéger du contact de l'épaulement à l'aide d'une plaque trouée, véritable écran qui malheureusement complique l'instrument et l'opération sans grandes compensations.

Le cautère Bourguet, le plus ingénieux et aussi le plus complexe de tous les cautères, « affecte, dit M. Nocard, la forme générale d'une pince à mors superposés. Une aiguille, de diamètre variable suivant les besoins, se trouve fixée par une vis de pression, sur une pièce dite *porte-aiguille*, susceptible de se mouvoir dans une petite chape terminant la branche supérieure de l'instrument. Ce jeu est destiné à obtenir la rectitude du mouvement de descente et de montée de l'aiguille. Sans lui l'arc de cercle décrit par la branche de l'instrument, eût forcément entraîné l'aiguille à buter et à se couder contre la pièce même qu'elle traverse et qui la chauffe.

« La pointe de l'aiguille est maintenue normalement par l'effet d'un ressort qui tient écartées les branches de l'instrument, dans l'intérieur du *porte-chaleur*. Celui-ci peut être construit en fer, en acier, en cuivre, etc. ; mais le corps métallique usuel qui chauffe le mieux les aiguilles et mèt le plus longtemps à se refroidir, en raison de son grand pouvoir émissif et de sa capacité calorifique supérieure à celle des autres métaux, c'est la fonte.

« Il existe cependant une substance non métallique, le *charbon de cornue*, qui possède des propriétés calorifiques encore plus remarquables que celles de cette dernière substance, et qui pourrait peut-être la remplacer avantageusement dans la confection des *porte-chaleur*, d'autant plus que le poids en est moins considérable ; toutefois, le porte-chaleur en charbon de cornue s'use beaucoup plus vite, et par suite, la dépense qu'il occasionne s'élèverait au-dessus de celle nécessitée par le porte-chaleur en fonte.

« Quoiqu'il en soit, le porte-chaleur se place entre deux mors par lesquels se termine la branche inférieure du cautère, et s'y trouve fixée par la pression d'un ressort à boudin qui tend à rapprocher le mors postérieur de l'antérieur. Ce ressort est contenu dans un tube adapté à la branche inférieure de l'instrument et on le fait agir en tirant sur une gâchette.

« En avant du tube se trouve un petit écran mobile, destiné à préserver la peau des cautérisations par les épaulements. Enfin, une vis limitative est placée à la branche supérieure, dans le voisinage de la charnière, et sert à régler, ainsi qu'à faire varier rapidement la longueur de la pointe.

« Voici maintenant comment on procède pour se servir de cet instrument : Une aiguille convenable a été déjà placée et l'on a également mis à chauffer dans la forge trois ou quatre porte-chaleur. L'aide chargé du transport des cautères apporte un de ces porte-chaleur, saisi dans des tenailles à forger ordinaires ; on le reçoit en prenant les tenailles de la main gauche, l'instrument étant tenu de la droite, incliné latéralement et sa pointe en bas. On engage l'aiguille dans l'ouverture supérieure de ce porte-chaleur ; puis on redresse le tout ensemble de manière à diriger la pointe verticalement en haut. On se débarasse enfin des tenailles, et il n'y a plus qu'à tirer sur la gâchette en arrière, pour que le porte-chaleur tombe à sa place et y soit fixé ; on rabat ensuite le petit écran, on règle la longueur de la pointe par la vis de pression, et l'instrument est prêt à fonctionner ; toutes ces manœuvres sont fort simples et en même temps très rapides. »

Cet ingénieux appareil présente de sérieux inconvénients, en dehors de son prix élevé : il est trop compliqué, et, si un accident le détraque au cours d'une opération, le chirurgien se trouve fort embarrassé et obligé de rester en chemin. L'aiguille, pendant l'opération fait saillie par la pression des doigts sur les branches de l'instrument, et cette pression doit être d'autant plus forte que la résistance à la pénétration est plus considérable, ce qui ne laisse pas que d'être fatigant, tout en ralentissant cette pénétration qui n'est pourtant jamais trop instantanée.

Le *thermo-cautère*, du docteur Paquelin, modifié sur mes indications par M. Collin, a été mis en expérience dans un régiment où, paraît-il, il a donné de bons résultats. Je l'ai essayé souvent et longtemps sans jamais en être satisfait, et je ne pense pas qu'il soit jamais accepté dans la pratique courante, à cause de son grand prix, et aussi parce que son aiguille, forcément creuse pour le passage du gaz de chauffage, ne peut être assez aiguë pour pénétrer rapidement, instantanément dans la profondeur des tissus. D'autre part, la bouteille à essence minérale, le soufflet et les tubes que doit porter sur lui le vétérinaire, le gênent dans ses mouvements qu'il a absolument besoin d'avoir libres, pour éviter les défenses du patient.

M. Salle ayant eu des accidents d'escharrification de la peau par l'usage des cautères à épaulement, a modifié le cautère Leblanc, avec lequel il craignait les *échappées*, en pratiquant à 10, 12 ou 15 millimètres de sa pointe fine un *étranglement*, une *gorge* qui a pour but de limiter forcément le dégré de pénétration, en ce sens que, dès que la pointe entrée dans l'épaisseur de la peau arrive au niveau de l'étranglement, l'opérateur perçoit très vivement une sensation de liberté, de facilité de pénétration et de résistance moindre qui lui indiquent l'obligation de retirer le cautère. Si, ce qui est possible, l'opérateur avait la main trop lourde, la minceur de la gorge est telle, qu'elle ne produirait qu'une ouverture modérée de la peau.

Le cautère Salle, cela me paraît évident, conserve encore moins la chaleur que celui de Leblanc ; d'autre part son étranglement doit enlever beaucoup de résistance à sa pointe. Je considère donc comme tout au moins inutile l'innovation de mon savant collègue.

L'idée de ces cautères plus ou moins ingénieux, plus ou moins pratiques a été suggérée à la plupart de leurs auteurs par des craintes chimériques, ou afin de remédier à des inconvénients qui n'existent pas pour l'opérateur adroit. Ils peuvent néanmoins être tous employés par celui qui sait s'en servir ; mais, à mon

avis, le meilleur de tous les instruments, pour une opération nouvelle, qui rencontre encore des réfractaires,
est le plus facile à manier et celui qui s'éloigne le moins
par sa conformation du cautère mis en usage pour le feu
superficiel. Le cautère Leblanc m'a d'abord paru le
mieux remplir ces conditions. J'ai ensuite adopté, en le
modifiant toutefois, le cautère Lenk, à cause de son
épaulement, puis, pour remédier à l'usure trop rapide de
l'aiguille en fer, j'ai songé à visser à la masse du cautère une pointe de platine, métal qui, par ses propriétés
physiques et chimiques, réunit au plus haut point toutes
les conditions voulues pour atteindre sûrement le but
qu'on se propose par la cautérisation profonde. En effet,
quelque fine que soit l'aiguille de platine, elle peut être
portée aux plus hautes températures sans s'oxider, et
rester par cela même toujours lisse et polie. Sa grande
conductibilité lui fait céder son calorique très rapidement, c'est-à-dire qu'elle brûle instantanément les
tissus, sans pourtant se refroidir trop vite, puisqu'elle
puise sa chaleur à une masse de fer relativement considérable. Elle remplace son calorique aussi instantanément qu'elle le perd.

Avec ces propriétés, l'aiguille de platine, quand elle
est chauffée au rouge clair, perce facilement du premier
coup, et sans appuyer fortement, le derme et les tissus
sous-jacents dans l'épaisseur desquels elle doit pénétrer.
De plus elle reste assez longtemps incandescente pour
faire jusqu'à huit ou dix trous, sans être remise au feu,
le foyer étant éloigné de six ou sept mètres de l'opérateur et avec un seul aide pour le transport des cautères.

Le premier armurier venu peut fabriquer cet instrument : il lui suffit, ayant un fil cylindrique de platine de

trois millimètres de diamètre, de lui donner la forme conique par le martelage à froid, et de le fixer à vis au *porte-chaleur*. Certaines précautions, faciles à prendre d'ailleurs, sont indispensables pour obtenir un cautère irréprochable.

Le platine sera pur, homogène, très malléable pour se prêter facilement au martelage à froid. Les pas de la vis bien prononcés, pas trop fins, ne s'étendront pas au-delà de la partie incrustée, pour laisser à la pointe toute sa solidité. L'aiguille devra être affilée avec une lime très fine et sera polie au brunissoir.

Le cautère à pointe de platine affecte la forme d'un cône tronqué. Le diamètre de sa base est de 20 à 21 millimètres, réduit à 18 par un chanfrein circulaire ; celui de son sommet tronqué est de 16 millimètres, réduit à 13 par un chanfrein circulaire. La pointe ou aiguille est conique ; elle pèse environ trois grammes ; son diamètre à la base est de trois millimètres ; sa partie libre a de 15 à 17 millimètres, et elle est inscrustée de 5 millimètres au moins dans la masse du cautère. La tige du cautère à pointe de platine, comme celles de tous les cautères à aiguilles, doit être assez forte pour résister aux pressions que nécessite la pénétration instantanée de l'aiguille dans les tissus organiques.

La vis est, je crois, le meilleur moyen d'adaptation de la pointe de platine au *porte-chaleur ;* elle est facile à faire, peu coûteuse et en même temps fort solide. La différence de dilatabilité des deux métaux ne cause jamais, comme on l'a avancé sans preuves, l'ébranlement de la pointe, et les températures assez élevées pour fondre le fer la consolident plutôt, le fer ramolli s'imprimant sur les pas de vis inaltérables de platine.

L'aiguille de platine peut successivement servir à plusieurs cautères, et quand elle est détériorée elle conserve encore une assez grande valeur comme métal précieux.

Le cautère à pointe de platine est en somme un excellent instrument, solide, pas trop cher, fort simple, c'est-à-dire très pratique.

Certains industriels, peu consciencieux ou inintelligents, fabriquent des cautères à pointe de platine qui se détraquent facilement : ce n'est point une raison pour y renoncer et surtout pour condamner le modèle.

La figure ci-contre représente un cautère à pointe de platine avec ses dimensions exactes ; elle pourra servir de guide aux confrères qui en voudraient faire établir.

Chauffage des cautères.

Les cautères à aiguilles doivent être chauffés au charbon de bois, qui encrasse moins que le charbon de terre. On les dispose, la pointe en l'air, dans un foyer de forge situé à proximité de l'opérateur, ou bien à défaut, dans un fourneau portatif, où il est moins facile toutefois de leur donner rapidement la température indispensable.

Les cautères doivent être élevés à la température du rouge clair et assez souvent renouvelés, pour éviter l'emploi d'instruments insuffisamment chauds, qui pourraient avoir de graves inconvénients et même constituer un danger réel. En effet, ne perforant pas les tissus du premier coup, ils resteraient trop longtemps en contact avec eux, et leur calorique pourrait avoir une action désorganisatrice trop étendue.

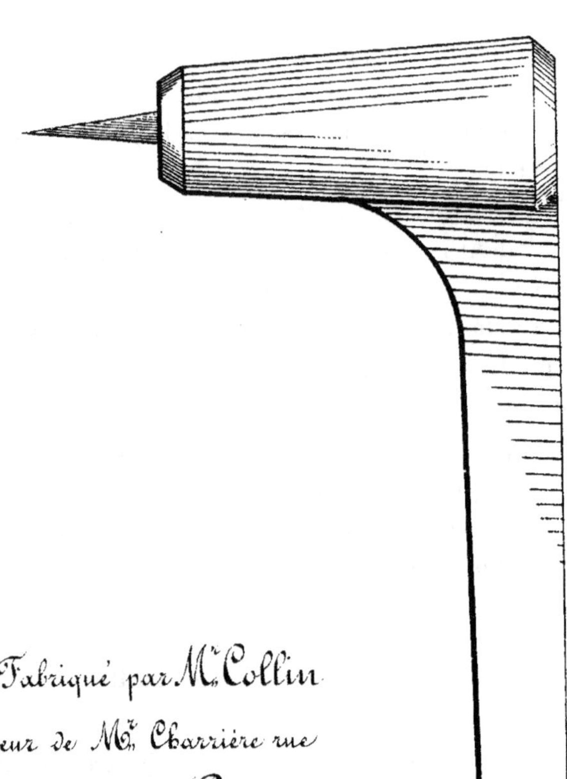

(1) Fabriqué par Mr Collin successeur de Mr Charrière rue de l'Ecole de médecine (Paris)

Quant aux autres procédés de chauffage ayant pour but d'éviter l'oxidation des pointes, je citerai, pour mémoire, le fourneau à reverbère trop compliqué de M. Salle. La chirurgie vétérinaire a besoin de moyens simples, applicables partout.

Le foyer peut, sans grands inconvénients, être éloigné de six ou sept mètres de l'opérateur, et un seul aide suffit pour le transport des cautères.

Si par extraordinaire la pointe de platine s'encrasse, on la nettoie avec un couteau, une feuille de sauge, un rogne-pieds, etc., en ayant le soin de ne pas la fausser ni l'entamer. Vient-elle à se courber par suite d'un faux mouvement, il faut la redresser avec précaution à l'aide d'un petit marteau.

Règles générales avant l'opération.

Je ne m'arrêterai pas longtemps aux règles générales de la cautérisation en aiguilles : les prescriptions relatives au feu superficiel lui sont à peu près toutes applicables.

Les indications touchant le choix de la saison, la préparation du malade sont les mêmes. Il faut éviter les grandes chaleurs, pendant lesquelles les animaux, excités par les mouches et par le prurit, toujours très prononcé quand la température est élevée, cherchent à se frotter ou à se mordre, et s'exposent ainsi à de graves complications.

Je ne suis pas de l'avis de certains praticiens qui appliquent l'*igni-puncture*, aussi bien pendant l'été qu'à l'époque des grands froids de l'hiver ; il me paraît beaucoup plus sage, s'il n'y a pas péril en la demeure, de choisir le printemps ou l'automne et un temps doux, pour pratiquer cette opération.

Préparation et assujettissement du sujet.

La cautérisation pénétrante, beaucoup plus rapide que la superficielle, peut ordinairement être faite debout, et il n'est pas indispensable de faire observer la diète au sujet, tant il est vrai que la fièvre de réaction étant généralement intense il est sage de diminuer la ration la veille et le jour de l'opération.

Le chirurgien, qui a des aides à sa disposition, fait bien de coucher le malade ; c'est plus commode pour lui, sa main a plus de sûreté et l'opération dure moins longtemps. Mais s'il ne veut recourir à ce mode de contention, il peut toujours s'en dispenser, même pour les chevaux irritables, en insensibilisant préalablement la partie à cautériser au moyen d'ablutions d'eau froide continuées pendant vingt ou trente minutes, ou simplement en appliquant un tord-nez et faisant lever un pied.

Dessin du feu.

On donne au dessin du feu en aiguilles la disposition d'un quinconce, sans s'attacher trop à sa régularité, peu importante pour un genre de cautérisation dont les traces disparaissent. C'est quelquefois en voulant obtenir une belle figure de géométrie qu'on tâtonne, qu'on laisse le cautère trop longtemps en contact avec la peau et qu'on détermine les eschares.

Écartement des pointes.

L'écartement des pointes varie suivant l'étendue du feu, son intensité, l'épaisseur de la peau, sa vitalité, etc. Pour les chevaux de sang dont la peau est très fine et très vasculaire, on peut pratiquer les trous à la distance d'un centimètre les uns des autres et même les rapprocher davantage, à la condition toutefois d'agir rapidement. Dans la majorité des cas on les espace de 15 à 20 millimètres. L'essentiel est d'éviter la confusion et par cela même l'élargissement des trous ou leur trop grand rapprochement, qui pourrait causer la mortification de la petite parcelle de peau intermédiaire.

Manuel opératoire.

J'arrive maintenant au manuel opératoire qui, sans présenter de grandes difficultés, nécessite cependant un apprentissage, sans lequel le chirurgien risque de s'éloigner de certaines règles d'où dépend le succès de l'opération.

Le cautère chauffé au rouge clair est appuyé avec assez de force pour percer d'outre en outre et du premier coup, le derme et les tissus sous-jacents, dans l'épaisseur desquels doit pénétrer l'instrument, ce dont on s'aperçoit facilement à un *sentiment* de résistance vaincue, auquel succède, quand on opère sur une tumeur dure, une nouvelle résistance. La pratique fait bien vite connaître le degré de pression à exercer pour atteindre le but ; il est d'ailleurs assez facile, par l'examen préalable des parties, de savoir à quelle profondeur il est nécessaire d'aller.

Le point principal, sur lequel j'insiste tout particulièrement, c'est d'éviter, autant qu'on le peut, l'action du calorique rayonnant, en laissant le cautère le moins longtemps possible en contact médiat ou immédiat avec les tissus. Une certaine dextérité est nécessaire pour arriver à la rapidité d'exécution indispensable ; mais l'opérateur digne de ce nom, fait vite son apprentissage, il comprend de suite qu'il est inutile d'attacher trop d'importance à la régularité d'un feu qui ne laisse pas de traces après lui. La pratique lui apprend à donner ce que j'appelle le *coup de cautère*, qui consiste, après avoir mis rapidement, sans heurt toutefois, la pointe du cautère en contact avec la peau, à exercer subitement une pression assez forte pour atteindre d'emblée la profondeur voulue, sans pourtant aller au-delà. On retient son coup, si je puis dire ; ensuite on retire l'instrument aussi brusquement qu'on l'a enfoncé.

En un mot : le but étant de transpercer des tissus organiques avec une pointe métallique incandescente, il faut y arriver aussi prestement que possible.

On passe l'aiguille une seule fois dans chaque trou et, s'il est permis de transiger avec cette prescription, sans crainte de complications, il me paraît plus sage de s'y tenir dans la généralité des cas : le passage réitéré du fer rouge dans les mêmes trous leur donne fatalement de plus grandes dimensions, et ils laissent après eux des cicatrices plus apparentes. Il est préférable et plus rationnel, pour augmenter l'action du feu, de rapprocher davantage les pointes ou, si c'est possible, de les porter plus profondément dans l'épaisseur des tissus ; les cicatrices n'en sont pas moins microscopiques et facilement dissimulées sous les poils.

M. Lenck, d'accord avec M. U. Leblanc, recommande de ne pas aller au-delà du tissu cellulaire sous-cutané avec la pointe de l'instrument, surtout sur les tumeurs molles ; et c'est probablement pour arriver plus sûrement à ce résultat, qu'il a fait usage d'un cautère à épaulement, estimant qu'avec le cautère conique de Leblanc, il fallait une trop grande dextérité pour ne pas ouvrir les séreuses.

Comme on a pu le voir déjà, je ne partage pas cette manière de voir. Je conseille, au contraire, de toutes mes forces, de perforer les synoviales articulaires ou tendineuses à chaque trou ou à peu près : une longue expérience m'a prouvé la complète innocuité de ces ponctions, auxquelles j'attribue même une grande part à la guérison, en donnant issue à la synovie, en rétrécissant la gaine, quand s'opère la cicatrisation, et en permettant au vésicant dont je fais usage, d'agir directement sur l'organe malade.

Il est inutile de *farfouiller* dans les articulations avec la pointe du cautère ; je ne vois pas l'utilité d'un pareil *modus faciendi ;* mais je déclare qu'il ne présente pas le danger qui, d'après les dogmes classiques, serait à craindre. Je vais plus loin : j'assure, en m'appuyant sur de nombreux faits cliniques, que la pointe du cautère peut buter sur les surfaces diarthrodiales sans causer d'accidents.

Quand on pratique l'opération sur un engorgement

tendineux, sur une tumeur fibro-cartilagineuse ou même en partie ossifiée, il faut pénétrer aussi profondément que le permettent la résistance des tisssus et la longueur de la pointe. Les névroses, les exfoliations ne sont pas à redouter.

Il est sage de ne point aller au delà du tissu cellulaire sous-cutané, sur le trajet des gros vaisseaux ou des nerfs, pour éviter une douleur inutile ou une hémorrhagie désagréable à l'œil et gênante pour l'opérateur dont elle refroidit l'instrument. Cette hémorrhagie, d'ailleurs sans danger, s'arrête d'elle-même, ou, si elle ennuie, on la fait cesser très facilement avec la plus simple suture épinglée. Le propriétaire qui voit son animal ensanglanté pendant l'opération, éprouve peut-être une mauvaise impression, mais il se console après la guérison : la fin pour lui justifie les moyens, et il apprécie toujours la valeur d'un procédé d'après ses résultats.

Emploi d'un vésicant aussitôt après l'opération.

L'emploi d'un vésicant, immédiatement après la cautérisation en aiguilles, est rationnel. Il produit une inflammation cutanée qui s'ajoute à celle du feu, active et rend plus parfaite la cicatrisation, sans compter qu'en allant jusqu'à l'organe malade, il a une action plus directe, plus intense, plus efficace, quelque faible que soit l'effet des vésicants sur les téguments autres que la peau.

Le liniment dont je fais usage se compose de :

Teinture de cantharides. . . .	200 grammes.
Essence de lavande	300 —
Huile d'arachides ou d'olives. .	100 —
Huile de cade	100 —
Poudre de cantharides	20 —
Poudre d'euphorbe	10 —

Ce liniment s'applique, dès que l'opération est ter-
minée, ou après l'arrêt du sang, quand il y a eu hémorrhagie.

On en imprègne bien la partie cautérisée ; puis on
frictionne à la main pendant quelques minutes.

Précautions à prendre après l'opération.

Le malade reconduit à l'écurie et attaché au râtelier,
est mis dans l'impossibilité de se mordre ou de se gratter
afin d'éviter les chutes de peau, et, à la suite de ponctions synoviales, les arthrites qui en pourraient être la
conséquence. Le derme meurtri, usé par le frottement
se retracterait moins facilement et les ouvertures des
séreuses pourraient rester trop longtemps béantes.

La ration doit être diminuée dans les jours qui
suivent l'opération, plus ou moins, suivant l'intensité de
la fièvre de réaction.

Le repos absolu est indispensable pendant un temps
assez long après l'igni-puncture, surtout quand elle a été
pratiquée sur des synoviales. Il y a même nécessité
quelquefois de le continuer après la disparition de la
boiterie, parce que la marche ou le travail pourraient
occasionner la déchirure des petites cicatrices encore

récentes et friables, et exposeraient à des rechutes ou au moins à une claudication qui, tout en étant le plus souvent sans gravité, n'en seraient pas moins fort ennuyeuses et occasionneraient une perte de temps.

Il faut attendre quinze ou vingt jours, plus ou moins, selon l'importance du feu et l'état du sujet, avant de commencer les petites promenades au pas. La pratique doit d'ailleurs guider le chirurgien. Le seul principe à formuler, c'est qu'il vaut mieux retarder qu'avancer la reprise du service.

Je recommande de laisser tomber d'elles-mêmes les croûtes qui se produisent à la suite du feu pénétrant, de ne pas les graisser ; elles forment une couche résistante qui comprime la région malade et contribue à sa guérison.

Phénomènes consécutifs à l'igni-puncture.

Les premiers phénomènes consécutifs à l'application du feu en aiguilles sont éminemment variables dans leur intensité et la rapidité avec lesquelles ils se succèdent, suivant l'époque de l'année, la température, la région opérée, le tempérament du sujet, la profondeur du feu et surtout suivant la nature des tissus atteints.

Dans tous les cas, quelques heures après l'opération, apparaissent les premiers symptômes inflammatoires la partie devient chaude, douloureuse, s'engorge et se couvre de nombreuses phlyctènes accompagnées d'un abondant suintement séreux. L'animal est souvent pris de mouvements fébriles, devient triste, perd l'appétit.

Quand le feu n'a guère dépassé le tissu cellulaire

sous-cutané, comme c'est quelquefois le cas sur les tumeurs dures anciennes, telles qu'éparvins, jardes, suros, etc., le gonflement, la chaleur, la douleur, la fièvre, conséquences de l'inflammation, sont ordinairement peu prononcés.

La cautérisation qui atteint les tissus fibreux, fibro-cartilagineux ou osseux, dans les efforts de tendon, les indurations, par exemple, a des effets primordiaux beaucoup plus marqués ; mais le fluxus inflammatoire et la fièvre de réaction qui marchent de pair, sont surtout accusés, quand une synoviale a été ponctionnée. Alors le gonflement se produit plus rapidement et devient souvent énorme, s'étendant bien au-delà de la région malade, et envahissant quelquefois tout le membre dont les lancinations traduisent une douleur aiguë. J'ai vu dans ce cas des animaux refuser les aliments pendant deux jours et ne prendre que des boissons.

La synovie s'ajoute à la sérosité en quantité généralement considérable, coule jusqu'à terre, trempe même la litière et forme sur la région traitée et au-dessous une couche albumineuse, jaune-grisâtre, caractéristique.

Toutes les ouvertures faites aux synoviales ne livrent pas fatalement passage au liquide de ces gaînes ; il arrive fréquemment, au contraire, qu'un grand nombre se bouchent presque immédiatement par le retrait et le gonflement du derme autour de la fine piqûre du cautère ; mais, dans ce cas, la synovie s'échappe plus abondamment par les trous restés béants. Il n'en faudrait pas conclure que quelques ponctions produiraient le même effet qu'un grand nombre ; car le feu agit sur les séreuses autrement qu'en les faisant évacuer.

L'igni-puncture, pratiquée sur une gaîne sous-jacente

à une cicatrice de la peau, est presque sûrement suivie d'écoulement synovial.

L'inflammation causée par la cautérisation en aiguilles, je le repète, est loin d'avoir toujours la même intensité, et la rapidité avec laquelle elle se produit est excessivement variable. Quelquefois, peu accusée au début, elle croît lentement pour atteindre son maximum au bout de deux ou trois jours seulement. La prudence commande donc d'attendre ce temps, avant de se prononcer sur la *force du feu.*

Les trous faits aux synoviales se bouchent d'ordinaire vers le deuxième ou le troisième jour ; mais il arrive qu'ils persistent, sans danger d'ailleurs, six, huit ou dix jours. J'en ai vu rester ouverts trois semaines, sans entraver la guérison.

La sérosité, en se concrétant, forme avec les escharres une croûte jaune-brunâtre, qui se fendille et commence à se détacher quatre, cinq, six ou sept jours après l'opération. La peau dépilée se montre alors avec toutes les escharres qui ne tombent guère avant quinze, vingt ou même vingt-cinq jours, pour faire place à autant de petites cicatrices rosées.

L'engorgement dure plus longtemps qu'à la suite du feu superficiel. Il peut être encore très prononcé après vingt-cinq, trente, quarante ou cinquante jours et, dans quelques cas, il est suivi d'un léger épaississement de la peau qui ne disparaît jamais et fait l'office de bandage compressif permanent. Souvent, au contraire, les parties reprennent leur aspect normal, avec cette seule différence que le derme et le tissu cellulaire sous-cutané restent plus denses, plus résistants.

Le poil en repoussant fait disparaître les traces de l'opération.

Le feu en aiguilles ne guérit pas tous les maux ; il n'est point infaillible ; ce n'est point une *panacée* ; mais il est de beaucoup supérieur à tous les autres genres de cautérisation : ses effets sont plus marqués, plus sûrs. plus persistants et les traces qu'il laisse sont nulles ou à peu près. D'autre part, il est plus vite appliqué et il fait moins souffrir les patients. Toutes ces raisons militent en sa faveur et le feront tôt ou tard adopter par tous les praticiens intelligents et sans parti pris : c'est mon intime conviction.

La guérison par le feu en aiguilles se fait quelquefois attendre de longs mois, sans être moins réelle, moins certaine : je citerai des faits qui le prouvent.

Il arrive aussi qu'il échoue à la première application. pour réussir seulement à la deuxième et même à la troisième.

Mode d'action du feu en aiguilles.

Le mode d'action de la cautérisation aiguillée est très complexe. Il détermine un excès de vitalité, une vive inflammation révulsive, substitutive, dont le premier effet tangible est l'accumulation, autour de la partie malade, de produits plastiques qui forment un véritable bandage compressif.

Les tissus atteints par le cautère subissent dans leurs actions nutritives et sécrétoires de profondes modifications qui favorisent la résorption, la résolution des pro-

duits morbides anciennement épanchés. Ils deviennent
plus denses, moins extensibles et la guérison des piqûres
multiples, qui sont autant de pertes de substance, détermine un rétrécissement qui aide à former le bandage
compressif et permanent dont j'ai parlé déjà.

L'autopsie et les faits démontrent aussi que les nombreuses ponctions faite aux synoviales contribuent pour
une large part à la guérison, en donnant issue au liquide
trop abondant qui les distend, et en diminuant notable-
ment leur capacité par la cicatrisation, tout en donnant à
leurs parois une plus grande résistance à l'effort de
dilatation, dans le cas d'hypersécrétion ultérieure.

Les ponctions préventives des synoviales par le procédé arabe sont peut-être basées sur l'observation de ce
fait.

Nécropsie.

Les lésions produites dans les tissus par le cautère à
aiguille montrent combien ses effets thérapeutiques
doivent être plus efficaces, plus durables que ceux de la
cautérisation superficielle ou de la ponction avec un
trocart de faible calibre.

Ces lésions varient nécessairement, suivant la nature
des tissus atteints, sans cesser pourtant d'avoir, sous
plusieurs rapports, une certaine similitude.

L'ouverture faite à la peau par la pointe du cautère à
aiguille diminue immédiatement de diamètre par le
retrait du derme ; puis il se forme tout autour un petit
bourrelet dû à l'accumulation de matières séreuses et
plastiques jaune-rougeâtre d'abord, puis rouges et enfin

grisâtres, qui s'organisent et persistent longtemps, quelquefois toujours, diminuent la souplesse de la peau, la rendent moins extensible, plus résistante et la transforment en un excellent bandage. Le tissu cellulaire sous-cutané s'infiltre rapidement d'une sérosité rougeâtre sur toute la région opérée et même au-delà ; puis il reprend petit à petit son aspect normal, tout en restant plus serré, plus dense, plus résistant, surtout au niveau des cicatrices.

Les piqûres du tissu tendineux, quatre ou cinq jours après l'opération, se montrent à l'autopsie, comme autant de petits points rouges, formés de matière fibrineuse encore friable. Plus tard, toutes les traces du feu disparaissent.

Les synoviales ponctionnées avec l'aiguille du cautère présentent, dans les jours qui suivent la cautérisation, des lésions remarquables, bien suffisantes pour expliquer les effets curatifs de l'opération.

A sa face externe, la membrane séreuse est doublée d'une infiltration rougeâtre, souvent fort épaisse ; sa face interne est *picturée* de petits bourgeons rouges, très accusés, qui sont comme le centre d'étoiles résultant de replis de la synoviale, replis que le grattage rend plus apparents, en enlevant la couche plastique ambrée, de forme lenticulaire, qui les recouvre. Quand la guérison est complète, il reste peu de traces de ces lésions, si ce n'est le rétrécissement de la gaîne et l'épaississement, avec moins d'extensibilité, de ses parois.

Critiques et Observations.

Les critiques assez vives dont le feu en aiguilles a été l'objet, de la part de personnalités saillantes auraient peut-être retardé sa propagation, si ses détracteurs, au lieu de lui opposer des arguments spéculatifs ou de parti-pris, avaient pu le combattre, à l'aide de faits cliniques, bien et dûment constatés. Les insuccès que ces Messieurs ont attribué au feu pénétrant, ne peuvent-ils avoir eu pour cause l'incurabilité absolue des maladies traitées ou encore... l'*inexpérience* des opérateurs ? Quant aux accidents qui ont été relatés avec une véritable complaisance, je me garde de les mettre sur le compte du procédé dont l'innocuité est constante, sauf accident, quand il est appliqué par un chirurgien adroit.

Je ne crois pas sans intérêt toutefois, au point de vue historique de donner le compte rendu succinct des plus importantes polémiques, auxquelles ce feu a donné lieu. Ces controverses ont d'ailleurs été favorables à la cautérisation en aiguilles dont je me fais l'apôtre.

M. Camille Leblanc a, le premier, ouvert le feu, dans la séance de la Société de médecine vétérinaire, le 26 juillet 1877.

M. C. Leblanc, après avoir fait l'apologie du feu pénétrant imaginé par U. Leblanc, tout en le répudiant pour le traitement des vessigons articulaires et tendineux, des hygromas et des bourses muqueuses, rappelle le manuel opératoire du feu en aiguilles, tel que je l'ai décrit dans le *Journal de médecine vétérinaire militaire*. M. C. Leblanc ajoute, avec une pointe d'ironie : « Les résultats obtenus

et publiés sont très heureux, je n'ose dire merveilleux ;
on peut, sans danger, provoquer un écoulement de
synovie par cinq ou six ouvertures ; jamais on n'a d'accidents (jusqu'à présent). Le peu d'exemples que j'ai eus
sous les yeux, me permettent d'émettre un doute sur
cette innocuité ; car je n'ai pas l'enthousiasme aussi
facile que mon honoré collègue, M. H. Bouley. Voici les
inconvénients que présente la nouvelle méthode :

« Si on applique le feu sur des exostoses ou sur des
périostoses, on obtient les effets du feu à pointes pénétrantes, sans avoir d'accidents à craindre ; et certes, dans
ce cas, je serais tout disposé à me servir du cautère à
aiguille, s'il n'avait l'inconvénient de ne point détruire
la peau assez profondément pour amener, à l'aide de
nombreuses cicatrices, la rétraction de cette membrane
et, par suite, d'établir une compression permanente,
agissant sur les tissus sous-jacents. Je crois néanmoins
à son efficacité, et les résultats obtenus dans ce cas ne
me surprennent pas.

« Il n'en est pas de même, s'il s'agit de tumeurs
molles ; je commence par les synoviales articulaires,
*et je me refuse à admettre qu'il n'y ait aucun danger
à perforer, en plusieurs points, avec une aiguille
chauffée au rouge, une membrane synoviale.* On provoque, dit-on, l'évacuation de la synovie et l'on permet au vésicant d'agir directement. Pour obtenir ces
effets, il suffit de faire une ponction avec un trocart de
faible calibre (Potain ou Dieulafoy), et d'appliquer
ensuite un vésicatoire. Ce traitement et le repos feront
disparaître la tumeur ; mais le travail la fera reparaître
dans un grand nombre de cas, si la ponction n'est pas
suivie d'injection iodée. Or je crains que le feu en

aiguilles, ne provoquant pas la rétraction suffisante de la peau, n'ait pas d'effet durable, et qu'on ne voie bientôt la guérison, si prompte, être suivie d'une rechute. En tout cas, ce procédé a contre lui un danger manifeste, celui de provoquer une arthrite. Déjà, dans le siècle passé, Robertson et Sind ont ouvert les tumeurs synoviales avec un fer rouge ; en 1803, Basch se servait du bistouri et débridait la synoviale ; en 1826, Bruche, vétérinaire français, a recommandé de revenir à la ponction par le fer rouge ; en 1848, Fischer, vétérinaire belge, a publié un long mémoire, récompensé en France, et dans lequel il cite un travail de M. Bœttger, qui conseille de faire une ponction avec le bistouri. M. Fischer, après s'être servi du bistouri et du trocart, en est arrivé à suivre cette dernière méthode. Son Mémoire ne constate que des succès. Comment se fait-il que ces procédés de ponctions combinés avec des applications vésicantes, aient été abandonnés, puisque les succès obtenus ont été constants ? Pourquoi craint-on encore, en médecine vétérinaire, de toucher à la synoviale, et pourquoi cette crainte a-t-elle empêché la vulgarisation des injections iodées ? C'est qu'à côté des succès publiés par les inventeurs, il y a eu des insuccès, que personne n'a publiés, et qui, connus des praticiens seuls, ont inspiré aux vétérinaires une sagesse que je ne puis qu'approuver.

« Je fais la même réserve pour la ponction des tumeurs, dues à la sécrétion exagérée des synoviales tendineuses, tout en reconnaissant que le danger est moins grand dans ce cas ; mais l'inconvénient de la récidive est le même.

« La méthode appliquée au traitement de l'hygroma et des bourses muqueuses, ne présente aucun danger ; mais encore, dans ce cas, le liquide doit se reproduire, puisqu'on ne détruit pas la membrane sécrétant le liquide, et qu'on ne provoque pas l'adhérence des parois.

« Au point de vue de la clientèle et de la pratique, le feu en aiguilles présente encore quelques inconvénients, sur lesquels je n'insisterais pas, si son efficacité et sa supériorité sur les autres méthodes étaient démontrées. Il exige un chauffage spécial au charbon de bois ; le refroidissement de l'aiguille est rapide, et il me paraît difficile que par les temps froids et un grand air elle reste rouge, même pendant une minute ; car le cautère olivaire à pointe fine, chauffé au feu de forge, se refroidit vite.

« Enfin, les hémorrhagies sont fréquentes et inévitables, et les lésions des nerfs sont fort à craindre dans certaines régions ; quant aux pertes de sang, elles ne sont pas graves, mais elles font fort mauvais effet et peuvent émouvoir à tort le propriétaire.

« En résumé, je vois moins d'avantages que d'inconvénients dans le procédé nouveau, et je crois, sauf plus ample informé, devoir m'en tenir à la méthode qui, préconisée par Urbain Leblanc, a fait déjà ses preuves depuis quarante années. »

M. Barreau, dans la même séance, sans être aussi exclusif que M. Leblanc, proteste contre l'engouement irréfléchi dans lequel certains esprits paraissent se laisser entraîner et en avoir entraîné d'autres à propos de la cautérisation pénétrante. M. Barreau reconnaît qu'il y a d'utiles applications à faire de ce mode de cautérisation ; et que l'on ne saurait trop féliciter ceux de ses collègues qui ont cherché à le perfectionner, dans ces dernières années ; mais que de là à vouloir le faire régner en maître dans la chirurgie vétérinaire, de là à vouloir remplacer le feu des anciens, remis en honneur avec tant d'à-propos par Solleysel, de là à détrôner le feu enseigné par les Renault, les Bouley et pratiqué avec tant de succès par les nombreuses générations que ces savants maîtres ont formées, il y a une erreur, contre laquelle il importe de réagir.

« Nous aussi, dit M. Barreau, nous avons employé la cautérisation en pointes pénétrantes, avec le désir sincère de lui voir procurer des résultats, sinon supérieurs, au moins équivalents à ceux que l'on obtient avec la cautérisation ordinaire, par rapport à la facilité d'application, à l'économie de temps qui en résulte et aux dangers moindres de chutes de peau qu'elle présente. Mais, après des essais réitérés, nous avons acquis la conviction que les principes formulés par Renault, qui enseignait que le *nec plus ultra* de l'art en matière d'application du feu, consiste à introduire le plus de calorique possible, sans détruire la résistance de la peau, cette opération étant la seule qui exige de la lenteur, sont toujours fondés, et que le succès appartiendra toujours à ceux qui sauront le mieux les mettre en pratique. Oui, d'après notre expérience, les effets fondants, c'est-à-dire les effets consécutifs du feu, ceux dont on attend le résultat pratique, sont d'autant meilleurs, d'autant plus certains, que le cautère aura été appliqué plus légèrement, plus lentement et plus longtemps. Nous disons les effets consécutifs, parce que les effets primitifs sont plus marqués souvent, avec la cautérisation en pointes pénétrantes, qu'avec la cautérisation en pointes superficielles. En effet, par cela même que dans la première, le cautère a pénétré dans le tissu cellulaire sous-cutané et même parfois, selon les régions, dans le périoste, dans le tissu osseux, dans les tendons, dans les gaînes synoviales même, il se fait, pendant les quatre ou cinq jours qui suivent l'opération, une exsudation séreuse ou séro-albumineuse, bien plus considérable à la surface de la peau, en regard des ouvertures pratiquées par le cautère à aiguille, qu'on ne le remarque en regard des trous dermiques superficiels obtenus avec le cautère ordinaire. Aussi, pour le vulgaire qui aime le feu *jetant beaucoup*, y a-t-il là matière à contentement. Si j'ajoute que les divers auteurs qui ont préconisé la cautérisation en pointes fines et pénétrantes, ne manquent pas d'employer, après l'application du feu, un topique vésicant qui a pour but d'augmenter l'exsudation dont nous venons de parler, on comprendra facilement l'abondance de cette dernière et l'action marquée, prédominante en quelque sorte, des effets primitifs de cette sorte de feu, par rapport au feu habituel. Si les modifications vasculaires et nutritives, que le feu est destiné à produire dans les régions cautérisées, étaient proportionnelles à l'abondance de l'exsudation dont nous parlons, l'avantage resterait définitivement au feu en pointes pénétrantes ; mais, d'après notre expérience personnelle, il est loin d'en être toujours ainsi. Dans la plupart des cas, au contraire, c'est la modification lente, insensible, apportée par l'action secondaire du calorique, dans les actes nutritifs des tissus où a pénétré le calorique, qui procure : 1° la diminution de volume et de sensibilité des parties malades ; 2° l'augmentation de leur tonicité, de leur résistance permettant aux organes locomoteurs de récupérer leur force, leur souplesse, sinon toujours dans leur étendue primitive, au moins dans une limite plus considérable qu'auparavant.

« Maintenant, de ce que nous n'accordons pas à la cautérisation en pointes fines, pénétrantes, la prééminence que certains vétérinaires ont cherché à lui attribuer, il ne s'en suit pas non plus que nous la rejetions complètement ; nous croyons, au contraire, qu'il y a lieu d'utiliser *toujours*, plus ou moins, l'action sécrétoire spéciale que nous lui avons reconnue, et peut-être aussi l'action astrictive et contentive que lui attribuent ses partisans, à la suite de la cicatrice des perforations, plus ou moins profondes, qu'elle occasionne. Nous disons *toujours*, parce qu'en effet, un feu étant mis à point par la méthode ordinaire (plutôt en deçà qu'au delà), nous avons remarqué qu'il était avantageux, ainsi que cela avait été conseillé déjà depuis longtemps, de disséminer sur la surface cautérisée un nombre de pointes plus ou moins grand, variable selon l'effet qu'on veut produire, selon l'intensité de la cautérisation première et selon la région sur laquelle on opère, mais qui ne doit jamais dépasser un trou sur deux. Cette manière de procéder nous paraît préférable, dans tous les cas, à l'action exclusive des pointes fines pénétrantes ; mais nous ajouterons qu'elle nous a paru surtout indiquée pour les tumeurs osseuses ou indurées. Pour les tumeurs molles (vessigons, mollettes, hygromas), il est moins nécessaire de recourir au feu appliqué lentement, ou moins indispensable de mettre ce feu pendant aussi longtemps que dans les premiers cas pathologiques. Pour certaines de ces tumeurs molles, on peut avec avantage avoir recours d'emblée au feu en pointes fines et pénétrantes. Il en est particulièrement ainsi pour les hygromas, les collections séreuses, les engorgements œdémateux des membres, à la suite des lymphangites.

Nous constaterons d'ailleurs, en terminant, que la cautérisation en pointes pénétrantes, pratiquée avec le cautère conseillé par M. Foucher, c'est-à-dire rapidement et une seule fois, avec une aiguille mesurant 15 millimètres de longueur et 2 à 3 millimètres à sa base, n'offre aucun danger, quelle que soit la région où elle est pratiquée. En pénétrant au delà, avec des cautères à épaulement, présentant une aiguille de 22 millimètres de longueur, nous avons eu, dans deux circonstances différentes, entre autres dans un cas de capelet, des accidents inflammatoires qui, pour n'avoir pas eu de suites fâcheuses, n'ont pas laissé que de nous inquiéter beaucoup pendant plusieurs jours. »

M. Bouley, qui sait toujours s'incliner devant l'évidence des faits, quand même ils sont en contradiction avec les théories admises, M. Bouley, dans la même séance du 26 juillet 1877, a défendu, avec son talent ordinaire, la cautérisation en pointes fines et pénétrantes contre les attaques dont elle venait d'être l'objet.

« J'ai été à même, a-t-il dit, depuis quelques mois, de voir et de faire appliquer la *cautérisation à aiguilles*, sur laquelle M. Leblanc vient d'appeler votre attention; et je puis en parler aujourd'hui avec quelque connaissance de cause. C'est ce que je vais faire.

« Si ce mode de cautérisation n'en était encore qu'à sa période théorique, et si son inventeur venait nous dire qu'avec son cautère effilé en aiguille, on peut pénétrer impunément dans les tumeurs synoviales tendineuses et même articulaires et y pénétrer à coups multipliés et rapprochés les uns des autres, il n'y aurait pas assez de réprobations contre une pareille assertion, et ceux qui, comme moi, ont été élevés dans ce que j'appelerai le *dogme du respect des synoviales*, protesteraient énergiquement contre des pratiques aussi audacieuses. Quand un vétérinaire de Paris, M. Dorlencourt, est venu me parler, il y a quelques mois, des résultats de la pratique de M. Foucher, dans son régiment, en garnison à Saint-Germain, et de ceux qu'il avait obtenus lui-même dans sa clientèle, en imitant cette pratique, j'avoue que mon premier sentiment a été celui du doute, avec une pente vers la négation. Mais il y avait là une question qui pouvait être jugée par l'expérience acquise et par l'expérimentation ; j'ai pensé que le meilleur parti à prendre était de voir les choses par moi-même. Je me suis rendu à Saint-Germain ; j'ai vu, dans les infirmeries du régiment de M. Foucher, des chevaux, en assez grand nombre, sur lesquels la cautérisation à aiguilles avait été pratiquée pour des indications diverses ; tumeurs synoviales, tendineuses et articulaires, nerf-férures, tumeurs osseuses, et avec la plus complète impunité. Ce n'était point assez encore pour me convaincre. M. Foucher a mis devant moi le feu pénétrant dans des tendons *férus*. Nous avons choisi dans les rangs un cheval qui avait un petit vessigon articulaire du jarret ; ce cheval a été mis en position. Le feu à aiguilles a été appliqué sur sa tumeur ; j'ai vu couler la synovie articulaire, à la suite de la pénétration des aiguilles ; je l'ai fait couler moi-même, en m'armant du cautère et en appliquant quelques pointes d'un seul coup sur le relief de la synoviale. — Le doute n'existait plus pour moi.

A coup sûr, l'opération de la cautérisation à aiguilles consistait dans la ponction, avec l'aiguille rougie, des tumeurs synoviales sur lesquelles le feu était appliqué, et dans la pénétration également des aiguilles rougies dans l'épaisseur des tendons engorgés et des tumeurs osseuses. M. Foucher m'avait donc mis à même de voir et le manuel opératoire du nouveau procédé et un assez grand nombre de résultats thérapeutiques obtenus par son application. M. Dorlencourt me fit voir aussi dans sa clientèle, quelques-uns de ces résultats.

« En présence de ces faits, il n'y avait pas de protestations à formuler, au nom du *dogme*, ni de dénégations à opposer. L'expérience était faite, et faite déjà sur une grande échelle ; car c'est par centaines que M. Foucher nombre les cas qu'il a déjà réunis ; l'expérience était faite, d'une part, de l'impunité de la cautérisation à aiguille des tumeurs synoviales, voire articulaires, et d'autre part de l'efficacité de ce procédé comme moyen résolutif rapide.

Après avoir vu ce qui avait été fait, j'ai voulu faire expérimenter le nouveau procédé sous mes yeux. Mon fils, P. Bouley, a, sous ma garantie, appliqué ce procédé de cautérisation à un cheval de prix, affecté d'un vessigon tendineux assez développé au jarret gauche. L'opération a été faite debout et n'a pas duré plus de cinq minutes. La synovie qui s'écoulait par chaque pointe, ne pouvait pas laisser de doutes sur la profondeur à laquelle les aiguilles avaient pénétré. Au bout d'un mois environ, la résolution de la tumeur synoviale était complète, et c'est à peine si la peau porte les traces des aiguilles qui l'ont traversée. Des essais semblables, faits par M. Chuchu, d'après mon invitation, sur des chevaux de la compagnie Lesage, ont donné également de très bons résultats, dont M. Chuchu rendra compte à la Société.

Voilà ce que j'ai vu, Messieurs : il n'y a rien à dire, quand les faits parlent. M. Leblanc vient de dire tout à l'heure qu'il n'avait pas l'enthousiasme aussi facile que moi, et qu'il mettait en doute l'innocuité du nouveau prodédé. Qu'il me permette de lui faire observer que, dans la question actuelle, il ne possède pas toutes les données nécessaires pour se prononcer avec une complète connaissance de cause. Les objections qu'il oppose à la nouvelle pratique sont toutes théoriques, puisqu'il ne l'a pas expérimentée par lui-même et qu'il n'a pas eu d'occasions nombreuses d'en voir l'application et les résultats ; tandis que moi, je puis baser mes appréciations sur l'expérience des autres et sur une expérience personnelle déjà assez étendue. Je parle donc de ce que je sais pour l'avoir observé. M. Leblanc me dit prompt à l'enthousiasme ; non, mais je suis partisan du progrès, et quand on me donne la démonstration de la bonté d'une méthode, d'un procédé, d'un moyen, je m'y rends, malgré les objections théoriques que, tout d'abord, j'avais eu de la tendance à opposer à la nouvelle pratique.

« L'opposition que fait aujourd'hui, *a priori*, M. Camille Leblanc à la pratique de la cautérisation à aiguilles est très analogue à celle que son père a rencontrée, lorsqu'il a proposé son procédé de cautérisation en pointes fines et pénétrantes. On lui a objecté bien des *mais...* et je ne sais pas si M. Renault s'y est jamais rendu. Malgré tout, le procédé Leblanc père a prévalu, parce qu'il avait pour lui la démonstration évidente de ses avantages, donnés par la pratique journalière et de son inventeur et de ceux qui avaient marché dans sa voie.

« Sans doute le principe du feu à aiguilles est le même, comme le dit M. C. Leblanc, que celui du feu en pointes fines et pénétrantes, préconisé par son père ; mais, dans l'application, il y a des différences considérables qu'il faut mettre en relief.

« Le cautère de M. Leblanc père n'a pas l'exiguité du cautère en aiguille. Si allongé que soit le cône qu'il constitue, il fait des blessures pénétrantes, beaucoup plus larges que celles de l'aiguille, et qui le sont d'autant plus que sa pénétration est plus profonde. On conçoit de quelle importance est cette considération, au point de vue de le ponction des articulations par le feu.

« En outre, avec le cautère de M. Leblanc père, l'opérateur n'est jamais sûr de la profondeur où il pénètre ; suivant qu'il a la main plus ou moins lourde, il peut aller plus ou moins loin. Les *échappées* dans le sens de la pénétration peuvent être difficilement évitées. Le cautère à aiguille est construit tout exprès pour limiter la projection de la partie pénétrante du cautère, qui se trouve forcément arrêtée par l'épaulement qui lui sert de base. Grand avantage pour la sureté de l'opération. Ainsi, exiguité de la pointe en aiguille du cautère : d'où des plaies très étroites ; limitation de la projection de l'aiguille ; d'où des plaies pénétrantes qui ne peuvent aller qu'à la profondeur exacte nécessitée par les indications ; voilà ce qui différencie le cautère à aiguille du cautère en pointe fine de Leblanc père, et donne un caratère de nouveauté au procédé opératoire dont le cautère à aiguilles est l'instrument.

« M. Leblanc se demande à quoi bon ce procédé,

contre les tumeurs synoviales, quand on a les injections iodées. A cela je réponds que le feu en aiguilles, qui est d'une application très facile, et en même temps très rapide, l'animal étant maintenu debout, *paraît* efficace tout autant que les injections iodées et peut-être est moins dangereux en résultats derniers. C'est au moins ce qui paraît ressortir des faits connus jusqu'à présent. L'interprétation physiologique de ce fait peut être donnée ; mais je veux m'abstenir de toute considération à ce sujet, parce que M. Paul Bouley en a commencé l'étude expérimentale, et qu'il se propose de venir l'exposer devant vous. Vous verrez, d'après les pièces anatomiques qu'il vous présentera, combien sont limitées ces lésions produites par les aiguilles et combien cependant, au point de vue thérapeutique, elles peuvent être efficaces.

« M. Leblanc vous a rappelé que déjà on avait proposé de pénétrer avec des pointes de feu dans les tumeurs synoviales, voire les articulaires, et qu'après avoir préconisé ce procédé, en s'appuyant sur d'incontestables succès, on y avait renoncé, à cause des insuccès qui étaient survenus ; et partant de là, il croit qu'il en sera de même de la cautérisation à aiguilles. C'est possible ; mais je ferai observer que ce qui milite en faveur de la cautérisation à aiguilles et constitue sa supériorité sur le procédé brutal de la cautérisation pénétrante des jointures ou des gaînes synoviales avec un cautère en cône, même avec le cautère perfectionné de M. Leblanc père, c'est l'exiguité de la pointe pénétrante et la limitation de la pénétration.

« Voilà, Messieurs, ce que j'avais à dire sur le nouveau procédé de cautérisation. Je n'ai voulu en parler qu'après l'avoir vu à l'œuvre et l'y avoir mis moi-même. Sans doute que des revers lui sont réservés, *comme à tous les procédés chirurgicaux*. Mais les essais qui en ont été faits sont assez nombreux à présent pour que ce procédé nouveau mérite de fixer votre attention et surtout pour qu'on ne le repousse pas, en ne lui opposant que des objections théoriques. »

Les objections spéculatives de M. Leblanc ont été suffisamment réfutées par M. Bouley ; et je me contenterai après quelques réflexions, de leur opposer des faits contre lesquels tous les discours, si éloquents qu'ils puissent être, ne sauraient prévaloir.

Les doutes émis par M. Camille Leblanc, à la Société centrale de médecine vétérinaire, sur l'efficacité ou l'innocuité du feu en aiguilles, me paraissent permis ; mais sa critique n'est point, à mon humble avis, basée sur une expérience personnelle suffisante, pour avoir un grand poids.

M. Camille Leblanc, qui se prononce si péremptoirement sur la valeur d'un procédé qu'il n'a pas essayé, devrait au moins être conséquent avec lui-même dans ses appréciations critiques.

« Le feu en aiguilles dit-il, ne détruit point la peau assez profondément pour amener, à l'aide de nombreuses cicatrices, la rétraction de cette membrane, et par suite, établir une compression permanente, agissant sur les tissus sous-jacents ; tandis que par la cautérisation d'après le procédé d'Urbain Leblanc, les pertes de subtance multiples et profondes du derme amènent un rétrécissement durable de la peau, et constituent un bandage permanent qui prévient le retour des dilatations synoviales, articulaires ou tendineuses. »

Comment peut-il se faire que le cautère, qui traverse d'outre en outre le derme et pénètre jusque dans les synoviales ou dans l'épaisseur des tumeurs ou des engorgements durs, ne détruise pas la peau aussi profondément que le cautère U. Leblanc, qui ne va pas au dela du tissu cellulaire sous-cutané?

Comment peut-il se faire que la cautérisation en aiguilles ne détermine pas, autant que le feu de M. Leblanc, une rétraction de la peau, quand les trous qu'elle produit sont, non seulement plus profonds, mais aussi plus rapprochés, si on le désire? Car, le cautère n'émettant que peu au point de calorique rayonnant, en raison de l'instantanéité de l'opération, les pointes peuvent, sans inconvénient, être beaucoup plus voisines les unes des autres qu'avec le procédé Leblanc, qui demande qu'on passe trois ou quatre fois l'instrument dans chaque ouverture.

Le feu en aiguilles, d'après M. C. Leblanc, doit avoir des effets moins durables que le feu d'Urbain Leblanc.

Moi, au contraire, après avoir pratiqué les deux procédés sur une vaste échelle, j'affirme que le feu en aiguilles est supérieur à l'autre, qu'il guérit plus souvent, plus radicalement et que ses effets sont plus durables ; je le prouverai par de nombreux faits cliniques, absolument indiscutables.

Quant à comparer le feu en pointes fines et pénétrantes, tel que je le préconise, à une simple ponction synoviale avec un trocart de faible calibre, c'est peu se rendre compte des modifications anatomiques et physiologiques consécutives, qu'à défaut d'expérience, le raisonnement seul permet de supposer bien différentes dans les deux opérations.

Les lésions produites dans les tissus par le cautère à
aiguilles expliquent leur action thérapeutique plus efficace et plus durable qu'une ponction avec un fin trocart.
La description que je fais de ces lésions le montre bien.

M. C. Leblanc qui sait « se garder de tout enthousiasme » et qui n'hésite pas, dans son sang-froid, à condamner sans appel, du fond de son cabinet, un procédé
chirurgical qu'il ne connaît pas suffisamment, devrait
au moins éviter de dénaturer par des citations incom-
plètes la pensée de ceux qu'il contredit :

« Par la ponction d'une gaîne, me fait-il dire, on
provoque l'évacuation de la synovie et l'on permet au
vésicant d'agir directement. » Or, voici ce que j'ai écrit
à ce sujet :

« Son mode d'action (du feu en aiguilles) est très
complexe. Il détermine un excès de vitalité, une violente inflammation dont le premier effet est l'accumulation, autour de la partie malade, de produits plastiques
qui forment un véritable bandage compressif.

« Les tissus atteints par le cautère subissent, dans
leurs actions nutritives et sécrétoires, de profondes
modifications qui favorisent la résorption des produits
morbides anciennement épanchés. Ils deviennent plus
denses, moins extensibles ; en même temps que la guérison des piqûres multiples, qui sont autant de pertes de
substance, amène, par la cicatrisation, un rétrécissement qui contribue à former un véritable bandage
compressif et permanent.

Il est évident que les ponctions nombreuses, faites
aux synoviales, ont une grande part à la guérison,
parce qu'elles donnent issue au liquide trop abondant
qui les distend, qu'elles sont suivies d'une diminution

notable de leur capacité par la cicatrisation, et qu'alors elles opposent une plus grande résistance à l'effort de dilatation, dans le cas d'hypersécrétion ultérieure.

« L'emploi d'un vésicant, immédiatement après la cautérisation me semble rationnel. Il produit une inflammation cutanée qui s'ajoute à celle qu'amène le feu, rend plus parfaite la cicatrisation, tout en l'activant, sans compter qu'en allant jusqu'à l'organe malade, il doit avoir une action plus directe, plus intense, plus efficace, quelque faible que soit l'effet des vésicants sur les téguments autres que la peau. »

Ces assertions sont d'ailleurs corroborées par les lésions nécropsiques.

M. C. Leblanc se refuse à croire à l'innocuité des ponctions synoviales, malgré les affirmations positives des praticiens qui, tels que MM. Bouley, Abadie et moi, (pourquoi ne me nommerais-je pas?) n'ont que tout juste, en matière de guérison, la crédulité de saint Thomas.

Jugeant une cause, sans avoir réuni tous les éléments nécessaires pour la bien connaître, il condamne trop légèrement, ce me semble, un mode opératoire qui cependant a fait assez ses preuves, pour que M. Leblanc consentît à l'expérimenter avant d'en parler. S'il eût suivi cette marche, il se fût évité ce que je me crois autorisé à appeler un jugement téméraire.

J'ai mis, par centaines, des feux en aiguilles pour tous les cas à peu près où les résolutifs sont prescrits, et je répète que ce feu, sans être une panacée, est supérieur à tous les autres procédés ; que ses effets sont plus marqués, plus durables, et que les traces qu'il laisse sont nulles ou presque nulles.

Je n'ai jamais eu d'accidents à la suite du feu en pointes fines et pénétrantes, pas une chute de peau, pas une nécrose, par une arthrite, pas une hémorrhagie sérieuse, pas un accident nerveux ! Et je citerai des exemples qui prouvent qu'il m'est arrivé quelquefois de n'y pas aller de main morte. Je reconnaîtrai cependant, avec M. Bouley, que ce n'est pas une raison de manier le cautère à aiguille, sans aucune espèce de souci de ce qu'il peut rencontrer dans son trajet ; et je citerai à ce propos, ce que j'ai écrit dans le *Journal de médecine vétérinaire militaire* :

« Sur le trajet des vaisseaux et des nerfs, ai-je dit, il est sage de ne point aller au delà du tissu cellulaire sous-cutané ; et pourtant il m'est arrivé de percer d'assez grosses artères des membres, sans avoir eu jamais besoin de recourir aux hémostatiques pour arrêter le sang. »

M. Leblanc refuse d'admettre qu'il n'y ait aucun danger à perforer, en plusieurs points, avec une aiguille chauffée au rouge, une membrane synoviale.

Je rapporterai plus loin nombre d'exemples qui prouvent l'inanité de cette négation ; qu'il me suffise pour l'instant d'en citer un seul, tout à fait topique.

La jument de M. Leblevennec, aide-vétérinaire au 12ᵉ hussards, était atteinte de vessigons articulaires aux deux jarrets. J'appliquai le feu dans le courant de mars 1877, en présence de MM. Leblevennec, Leneveu et Boussard, vétérinaires. Mes pointes, qui avaient 15 millimètres environ, allèrent presque à chaque ponction buter sur les surfaces articulaires, à tel point que M. Leblevennec crut une arthrite inévitable, tant cette opération lui paraissait en contradiction avec les dogmes classiques. La guérison ne se fit pourtant pas attendre et fut radicale. Comme je l'ai dit déjà, je ne conseille pas de *farfouiller (qu'on me passe le mot)* dans les articulations avec la pointe du cautère ; je ne vois pas l'utilité d'un pareil *modus faciendi ;* mais je constate qu'il n'offre pas le danger que théoriquement on était en droit de craindre, avant les démonstrations faites par l'application du feu en aiguilles.

Les résultats obtenus et publiés dit M. Leblanc, sont très heureux, presque merveilleux.

Qu'il me soit permis, pour toute réponse à M. Leblanc, de relater une observation qui, seule, a plus de valeur scientifique que les plus belles phrases rédigées du fond d'un cabinet de travail.

Depuis vingt-et-un mois environ, un cultivateur de Trégon (Côtes-du-Nord) avait une pouliche de deux ans qui, à la suite d'un effort, assure-t-il, contracta un énorme vessigon rotulien à droite, déterminant une boiterie intense. Pendant dix-huit mois, cette jeune bête fut soumise à un traitement assez énergique ; on lui fit six applications d'onguent fondant de Lebas, une de liqueur ignée de Cabaret, et on lui pratiqua avec le bistouri une ponction profonde qui donna issue à une énorme quantité de synovie.

Le vessigon et la boiterie persistèrent malgré tout, et dans le courant de mai 1877, le propriétaire jugeant sa bête incurable, l'envoya chez l'équarisseur, qui la lui paya *huit francs.* M. Brien Jean, cultivateur à Ploubalay. qui se trouvait sur les lieux, au moment où on allait procéder à l'abatage, se fit céder la jument pour *treize francs.*

Le 20 mai 1877, M. Brien me présenta pour la première fois cette jument, âgée de quatre ans, de la taille de 1m65 environ, sous poil gris, propre au gros trait ; elle était en assez mauvais état d'embonpoint. Atteinte au membre postérieur droit d'une boiterie intense, elle présentait au grasset du même côté une énorme tumeur, grosse comme un pain d'une livre au moins, indolente au toucher, assez tendue et donnant une sensation manifeste de fluctuation sous une couche épaisse de tissus indurés. J'appliquai le feu le jour même, en présence de MM. Leneveu et Boussard, vétérinaires, en me servant de cautères dont la pointe avait de 15 à 17 millimètres de longueur.

Voici, à la date du 28 août suivant, l'état de l'opérée, qui travaillait depuis plus de trois semaines : embonpoint bon ; elle ne boite plus du tout ; la tumeur du grasset est tellement réduite que sans être prévenu on la verrait difficilement. M. Brien estime sa jument *douze cents francs*.

Il faut reconnaître que le feu ordinaire, en raies ou en pointes, que le feu Leblanc ou l'injection iodée, auraient pu donner un aussi bon résultat, mais un meilleur, jamais !

« M. Leblanc craint que le feu en aiguilles n'ait pas d'effet durable et qu'on ne voie bientôt la guérison, si prompte, être suivie d'une rechute. »

Les nombreux faits que je mentionne plus loin, suffiront sans doute pour montrer le peu de valeur de cette objection toute théorique ; je me contente donc d'y renvoyer le lecteur.

J'ajouterai, pour répondre à M. Barreau, que, loin de partager avec lui la théorie de Renault, je ne crois pas que la cautérisation actuelle agisse en accumulant du calorique dans les organes ; je doute de la possibilité de cet emmagasinage. La cautérisation actuelle produit une brûlure méthodique d'autant plus intense, et les phénomènes qui l'accompagnent ou la suivent sont d'autant plus prononcés que la désorganisation des tissus est plus considérable, soit en profondeur, soit en étendue.

M. Weber, dans la séance du 9 août 1877, de la Société centrale de médecine vétérinaire, a critiqué, lui aussi, mais sans la bien connaître non plus, la cautérisation en aiguilles, il a prétendu qu'on a fait autour de ce procédé *beaucoup plus de bruit qu'il ne le méritait*, et il a déclaré qu'il ne pouvait partager sur son compte l'enthousiasme de M. H. Bouley.

Le feu en aiguilles est pour lui une opération inconsciente, qui consiste à plonger toujours à la même profondeur, quel que soit l'organe dans lequel on pénètre ; il ne laisse rien à l'habileté ni au savoir de l'opérateur qui enfonce machinalement son instrument, et, de plus, les hémorrhagies fréquentes et la brûlure légère des poils donnent au feu un fort vilain aspect pendant les premiers jours. Il ne veut pas croire à l'innocuité des ponctions synoviales.

Ce sont là de faciles critiques, qui ont le malheur de ne reposer sur aucun fait et de n'avoir par cela même qu'une valeur fort relative, malgré le talent incontestable de M. Weber.

M. H. Bouley, avec ce ton magistral dont il est coutumier, en a d'ailleurs fait justice.

« M. Weber, dit-il ne saurait partager mon *enthousiasme* pour la cautérisation dite à *aiguilles*. Il y a dans ce mot une intention ironique que je ne m'explique pas, parce que rien ne la justifie dans les observations que j'ai présentées à la Société sur ce mode de cautérisation. J'ai dit que ma première impression, quand on était venu me faire connaître ce procédé, les résultats *physiques* qu'on produisait en l'appliquant, et les résultats thérapeutiques qu'on prétendait en obtenir, j'ai dit, je le répète, que ma première impression avait été défavorable. *J'ai douté, j'ai même nié, obéissant à une tendance, qui est assez générale, de nous former un jugement sur les choses, avant de les avoir mises à l'épreuve.* »

« Mais si tel a été mon premier mouvement, je ne m'y suis pas obstiné, comme M. Weber me paraît avoir de la tendance à le faire pour son propre compte. « J'ai voulu voir, j'ai vu » ; et je suis venu vous dire, non pas avec enthousiasme, mais avec fidélité ce que j'avais vu. Sans doute que ce que je vous ai rapporté ne laisse pas que d'étonner : des cavités synoviales, tendineuses, voire articulaires, ouvertes par des ponctions multiples, à l'aide d'aiguilles rougies au feu ! Et cela, d'une part, sans les dangers consécutifs qui semblaient devoir être inévitables, et d'autre part, avec avantage au point de vue thérapeutique. Voilà ce que je vous ai dit avoir vu faire et avoir fait faire.

« Mais en vous rapportant ces faits, je ne me suis laissé aller à aucune exagération et à aucun dithyrambe ; je suis resté narrateur fidèle, en engageant ceux que mon récit devait, je le comprends, laisser incrédules, à réserver leur jugement et à ne se prononcer sur le nouveau procédé qu'après l'avoir vu à l'épreuve.

« Ces conseils n'ont pas eu de prise sur M. Weber, si j'en juge par les appréciations qu'il vient de formuler sur le mode nouveau de cautérisation. *A priori*, et fort de l'expérience qu'il a acquise en employant depuis vingt-cinq ans bientôt le procédé de Leblanc père, il affirme la supériorité de celui-ci sur le nouveau, qu'il déclare ne pas mériter « le bruit qu'on fait à son sujet. »

« Je ne me permettrai pas de me prononcer aujourd'hui sur la question de savoir lequel des deux procédés est supérieur à l'autre, les éléments de la comparaison entre eux n'existant pas encore. Mais je crois devoir rappeler ici ce que je disais dans la dernière séance, qu'au point de vue de la *cautérisation pénétrante*, le procédé à aiguille a sur le procédé de Leblanc père le double avantage de l'*exiguïté* de la pointe avec laquelle on traverse les tissus, et de la *limitation certaine* de sa pénétration. Le cautère de Leblanc père est un cône très effilé, mais c'est un cône qui élargit la plaie, à mesure que le cautère pénètre plus profondément. L'aiguille ne fait qu'une piqûre étroite, dont le diamètre ne varie pas avec la profondeur où elle pénètre.

« Or, quand on sait, comme nous le savons d'après l'expérience de nos jours, qu'il a suffi de rétrécir le diamètre des trocarts pour transformer en opérations inoffensives les opérations réputées autrefois, à juste titre, redoutables, avec les procédés dont on usait : telles que celle de la ponction de l'intestin chez le cheval, de la vessie chez l'homme, dans le cas d'obstruction de l'urèthre, des kystes du foie, des hydropisies du péricarde, des tumeurs articulaires, des abcès profonds dans les viscères, etc., etc. ; quand on sait cela, on ne doit pas considérer comme une modification d'importance secondaire d'avoir transformé la partie pénétrante du cautère en une aiguille à petit diamètre qui ne fait que des ouvertures très étroites, dont l'étroitesse est une condition même pour prévenir les complications du traumatisme.

« Le cautère à aiguille est donc adapté, par sa construction, à un usage auquel celui de Leblanc ne convient pas si bien. A ce point de vue, il constitue donc un perfectionnement, puisqu'il rend praticable, d'une manière inoffensive, tout au moins d'après la presque totalité des faits jusqu'à présent recueillis, l'opération de la ponction, par le feu, des cavités synoviales en état d'hydropisie. Je sais bien que l'on met en doute la pénétration des aiguilles de feu jusque dans ces cavités ; on prétend que le liquide que l'on voit s'écouler, par l'ouverture de chaque ponction, provient du tissu cellulaire, et que son abondance est assez grande pour faire illusion et simuler un écoulement synovial. C'est là une erreur. J'ai vu couler la synovie immédiatement après la ponction, absolument comme si cette ponction avait été faite avec le trocart ; et M. P. Bouley, qui prépare sur ce sujet un travail dont il doit vous donner communication, comme le l'ai dit dans la dernière séance, m'a montré, sur des pièces anatomiques provenant de chevaux d'expériences, le trajet du cautère, à travers des parois des synoviales, accusé, à la face libre de ces membranes, par un petit bourgeon rouge de la grosseur d'un grain de millet. Point de doutes donc, d'après ce que l'on observe, et pendant l'opération, et par la dissection des régions, qu'on ne pénètre, avec les aiguilles de feu, dans les cavités des synoviales. Que toutes les pointes ne soient pas pénétrantes : cela est possible, surtout lorsque la tumeur tendue commence à s'affaisser par l'écoulement ; mais un grand nombre le sont. Qu'on expérimente et on en acquerra, comme moi, la conviction.

« On objecte que le cautère à aiguille se refroidit trop vite ; d'où les hémorrhagies qui suivent sa pénétration parce que la pointe effilée ne contient pas assez de chaleur pour être hémostatique. Cet inconvénient peut être facilement évité, en plaçant à proximité de l'opérateur un fourneau portatif dans lequel les cautères sont chauffés, la pointe en l'air, au charbon de bois. Ils peuvent alors se succéder très rapidement dans sa main et être employés au degré de température voulu pour être pénétrants tout à la fois en vertu de leur construction et de la chaleur qu'ils contiennent. Le cautère peut ainsi ne servir que pour une seule ponction ; d'un seul coup, on le fait pénétrer, puis on en prend un autre pour faire la ponction à côté, sans jamais revenir dans l'ouverture faite par le précédent, et en ayant le soin de ne pas presser, une fois que la pointe est arrivée à l'extrémité de sa course, pour éviter la trop forte cautérisation en surface, qui résulterait de la pression sur la peau du disque au centre duquel l'aiguille s'érige.

« En suivant ce Manuel, l'opération peut être faite, l'animal debout, d'une manière très expéditive et cependant suffisante au point de vue thérapeutique, à la condition toutefois de compléter l'action propre du feu par l'application d'une couche vésicante liquide, dont M. Foucher a donné la formule.

« Je terminerai ces quelques réflexions par cette dernière : Il faut se tenir en garde, quand il s'agit de l'appréciation d'un procédé nouveau, contre les exagérations dans un sens ou dans un autre. Quoi qu'en disent MM. Leblanc et Weber, je ne me suis pas laissé aller à l'enthousiasme en vous exposant le mode opératoire du procédé à aiguilles. J'ai dit ce que j'avais vu, et j'ai dit que ce que j'avais vu m'avait porté à penser que ce procédé nouveau devait être expérimenté, parce que les résultats qu'il avait donnés jusqu'à présent semblaient témoigner qu'il était inoffensif, malgré ce qu'il paraît avoir d'audacieux, et aussi qu'il était efficace. Ceux de mes collègues qui ont pris la parole dans cette discussion ne lui ont opposé que des objections théoriques.

« Ces objections, moi aussi je les avais faites, car elles se présentaient naturellement à l'esprit. Mais lorsqu'il m'a été démontré que l'expérimentation comme l'expérience, ne les confirmait pas, il a bien fallu me rendre. Aujourd'hui, je dis qu'il faut que ce moyen soit mis à l'épreuve, non seulement cliniquement, mais encore expérimentalement. »

Dans la séance du 13 juin 1878, de la Société centrale de médecine vétérinaire, il a été lu une note de M. Bugniet, vétérinaire à Moulins, au sujet de la cautérisation à aiguille.

M. Bugniet, après quelques mois de pratique, fait table rase de ce qui a été dit et écrit à ce propos : il considère comme nuls et non avenus les résultats obtenus ; voici d'ailleurs sa note *in-extenso*.

« Tandis que des vétérinaires, dit-il, prônent chaque jour la cautérisation à aiguilles ; tandis que d'autres perfectionnent l'instrument destiné à l'appliquer ; tandis que quelques-uns signalent les inconvénients inhérents à tel ou tel modèle, des praticiens, et je suis de ce nombre, mettent à l'épreuve ce nouveau moyen d'application du feu, en étudiant les effets, et font connaître les résultats de leurs opérations.

« On a fait beaucoup de reproches à l'instrument ; on dit qu'il se détériore vite, que l'aiguille s'encrasse, se

tord, se refroidit rapidement ; que l'épaulement cautérise trop fortement la peau, de là une plaie et une cicatrice défectueuse ; qu'il y a souvent une hémorrhagie
résultant des piqûres brusques et nombreuses que l'on
est obligé de pratiquer pour combattre telle ou telle
lésion.

« Ce sont là de petits inconvénients. Quand la chauffe
des cautères est confiée à un homme du métier, un
maréchal ; quand on emploie le charbon de bois et que
l'aiguille est maintenue en dehors du feu, le cône
tronqué seul étant dans le foyer ; quand on a un nombre
suffisant de cautères, de façon que l'on puisse remplacer
immédiatement celui qui commence à refroidir ; quand
on est bien maître de ses mouvements, que l'on a ménagé
les poils sur la partie à cautériser, et que le derme a été
traversé, la main devient plus légère, aucun des accidents que l'on a signalé n'est à craindre. C'est à peine si,
par quelques rares ouvertures, sur de nombreux feux
que j'ai appliqués depuis six mois par ce procédé, j'ai vu
suinter quelques gouttes de sang.

« Mais le seul, le grand inconvénient du nouveau mode
de cautérisation, c'est sa complète impuissance. J'ai,
depuis le mois de janvier, employé ce moyen pour remédier
aux affections suivantes : mollettes articulaires et tendineuses, vessigons articulaires et tendineux, bourses muqueuses, suros. formes, tendinites, infiltrations froides des
jointures, et je ne l'ai pas vu réussir une seule fois. J'ai
même, sur trois chevaux, cautérisé des tendons férus et
renouvelé l'opération six semaines après ; le résultat a
été nul, complètement nul. C'est vrai que l'on peut
transpercer un vessigon articulaire avec des aiguilles
rougies. pénétrer dans le sac hydropique et arroser la

litière d'une abondante synovie, et puis ? Et puis, deux ou trois mois après, les kystes synoviaux ont récupéré leur volume, leur tension, leur plénitude.

« Sans doute qu'il est simple, facile, commode et expéditif de plonger une aiguille rougie dans l'épaisseur de tumeurs dures ou molles ; et, si les modifications imprimées aux tissus malades étaient de nature à amener la résolution graduelle, partielle même, des hygromas, hydarthroses, indurations chroniques, on ne pourrait que se féliciter d'avoir trouvé un moyen qui présente dans l'application des avantages réels. Mais les résultats des essais du nouveau mode de cautérisation sont loin, comme on le sait, de militer en sa faveur. Je crois n'avoir cependant transgressé en rien la règle du Manuel opératoire ; il y a vingt ans que je mets le feu par les procédés classiques ; je l'applique très souvent, et je ne crois pas que ce système soit destiné à remplacer ni la cautérisation en raies, dont j'obtiens journellement les meilleurs résultats, ni le feu en pointes fines, qui, dans bien des circonstances, sur les chevaux de luxe, suffit pour amener la guérison d'une foule de lésions des membres, et cela sans nulle tare, nulle cicatrice, nulle dépréciation. Cette dernière expression paraîtra hasardée : la vérité est que je vois journellement vendre des chevaux ayant eu quelques pointes de feu au jarret ou ailleurs ; ces traces de cautérisation n'empêchent nullement les amateurs de s'en rendre acquéreurs à des prix aussi élevés que si les chevaux n'avaient jamais rien eu.

« Et je termine en disant que si on s'applique à découvrir tous les jours un nouveau cautère à aiguille ; si on le perfectionne, si on corrige ce qu'il a de défectueux ; si on s'ingénie à la création d'un instrument réalisant l'idéal du genre, ce n'est pas moins important de connaître les effets du calorique introduit par ce procédé dans la profondeur des tissus. »

Malgré la *note* de M. Bugniet, je l'affirme plus fortement que jamais, le feu en aiguilles est supérieur, sous tous les rapports, aux autres procédés de cautérisation ; mais il n'est pas infaillible ; mais ses effets se font quelquefois attendre plusieurs mois ; mais certaines maladies ne lui cèdent qu'à la seconde ou à la troisième application ; mais, pour donner de bons résultats, il doit être mis suivant les règles dont la connaissance nécessite un apprentissage et de la pratique, ressemblant en cela à tous les procédés opératoires.

Je regrette donc pour M. Bugniet, de Moulins, que quelques essais infructueux lui aient paru suffisants pour se mettre en contradiction avec les faits dûment constatés par de consciencieux praticiens et qu'il ait déclaré sentencieusement le feu en aiguilles impuissant, parce qu'il ne lui a pas donné de bons résultats.

Un vétérinaire de mes amis qui, lui non plus, n'a pas guéri par le feu en pointes fines et pénétrantes, est plus modeste : il attribue tout simplement ses insuccès à son inexpérience, ajoutant que le feu en aiguilles, tout en paraissant simple en soi, de prime abord, n'en est pas moins assez difficile dans son application et demande une certaine dextérité de la part de l'opérateur. Ce vétérinaire-là n'est pas découragé, sa foi reste pleine et entière dans la valeur du procédé, parce qu'il lui est impossible de détourner ses regards des cures merveilleuses qui ont été relatées dans les journaux, par des confrères dignes de foi.

M. Bugniet a été..... *malheureux* dans ses opérations

s'ensuit-il qu'il faille renoncer au feu en aiguilles ? Pour ma part, plus favorisé que mon honorable collègue, je préfère m'en rapporter à ma longue pratique et aux affirmations, appuyées de faits, des nombreux vétérinaires qui emploient avec succès ce mode de cautérisation.

Je n'écoute même pas les doléances d'un autre confrère qui après quelques bons résultats, a eu un accident qui s'est terminé par l'abatage du sujet, à la suite d'un feu de mollettes. Ce brave garçon se servait d'instruments qui, sans égaler en poids le fameux marteau-pilon du Creusot, avaient les dimensions telles que les premières guérisons obtenues prouvent péremptoirement la *complaisance* des synoviales, et on reste étonné qu'une seule articulation, eût-elle été de fabrique Auzoux, ait résisté à pareille épreuve.

Les arguments de M. Bugniet ne valent vraiment pas la peine d'être réfutés, et j'aurais, suivant le conseil de M. Abadie, laissé sa lettre sans réponse si elle ne m'avait procuré l'occasion de faire connaître l'opinion de plusieurs vétérinaires sur le feu en pointes fines et pénétrantes et de relater quelques cas de guérison obtenus par son emploi.

M. Abadie, de Nantes, dont la compétence en pareille matière est incontestée, m'écrit à ce sujet une spirituelle lettre que je lui demande la permission de copier littéralement, tant elle montre clairement le néant des affirmations de M. Bugniet et prouve l'excellence du feu en aiguilles :

« Vous éprouvez le besoin de répondre à M. Bugniet, me dit M. Abadie, et pour cela vous tenez à vous procurer des témoignages capables d'infirmer ceux qu'il produit. En vérité, je crois que vous ajoutez trop d'importance à l'opinion de ce confrère, laquelle ne pèsera dans la balance que dans la mesure du peu de temps qui s'est écoulé depuis son premier essai et celle de la valeur d'un témoignage personnel, mais isolé, quel que soit. du reste, le crédit que l'on donne à son individualité. Des praticiens, comptant chacun autant que M. Bugniet peut lui-même compter, affirment avoir obtenu de bons résultats là où il n'en a recueilli que de négatifs. Voilà la situation. Or, comme la bonne foi existe évidemment des deux côtés, on est obligé de supposer que M. Bugniet n'applique pas le feu selon les règles prescrites : à cela il n'y a, en vérité, rien d'étonnant ; car M. Bugniet, comme tout le monde, doit être tenu de payer son noviciat.

« Pour mon compte, je crois que la cause du feu pénétrant est si bien gagnée aujourd'hui dans l'esprit des hommes non prévenus et qui respectent les règles de son emploi, que la critique qu'en fait M. Bugniet ne pourra lui porter aucune atteinte, surtout lorsqu'elle revêt une forme hautaine ou doctorale, de nature à lui faire complètement manquer son but. J'aurais donc incliné à le laisser tranquillement jouir du triomphe facile de son affimation non contredite, qui n'aurait guère laissé de traces de son passage, si vous ne vous étiez décidé à vous mettre en travers de son chemin. Vos raisons n'auraient d'opportunité que dans le cas où M. Bugniet, étant dans le vrai, parviendrait par la controverse, à prouver que nous avons tous tort. Vous agissez donc plutôt dans son intérêt que dans celui de notre opinion. Mais, comme avant tout je tiens au triomphe de la vérité vraie, quelques éclaboussures que j'en puisse éprouver, je vous adresse le fait suivant pour l'ajouter à toutes mes précédentes affirmations dans lesquelles je persiste de plus en plus :

« En décembre 1870, je fus appelé, avec mon ami Alasonière, à voir, dans un château des environs de la Roche-sur-Yon, un cheval de beaucoup de sang appelé *Sucre-d'Orge*, dont la réputation dans les steeple-chases, était bien établie.

« Les deux tendons antérieurs, plus volumineux que les os du canon, étaient le siège d'une inflammation aiguë tellement intense, que le pauvre animal avait de la peine à se tenir debout et était le plus souvent couché. M'étant concerté avec mon confrère, nous décidâmes qu'il y avait lieu de différer l'application du feu jusqu'à ce que l'appui fût devenu plus ferme. Pour atteindre ce résultat, le cheval fut ferré avec des fers à crampons dirigés un peu en arrière et longs de 8 cetimètres. Puis on appliqua sur les tendons des vésicatoires légers, renouvelés aussi souvent que possible.

« Ce ne fut pas l'excès de l'inflammation tendineuse qui me porta à conseiller l'ajournement du feu, mais bien la difficulté qu'il y aurait eu à maintenir le cheval debout et la crainte de le voir, par le décubitus, compromettre la conservation de la peau.

« Un mois plus tard, je fus prévenu que le cheval marchait le pas sans beaucoup boiter et qu'il ne se couchait pas plus souvent qu'avant sa boiterie.

« Je me rendis à la Roche ; mais M. Alasonière ne put m'accompagner auprès du cheval, étant occupé à une séance de la Commission de réquisition de chevaux pour des batteries d'artillerie départementales.

« L'animal étant couché, j'appliquai sur les deux tendons le feu en pointes pénétrantes, qui provoquèrent l'issue de flots de synovie.

« Je ne revis plus le cheval, sur lequel M. Alasonière constata les effets du feu en en surveillant l'action.

« Bientôt il put reprendre ses exercices : aux premières courses qui eurent lieu à Caen, à la suite de nos désastres, *Sucre-d'Orge* remporta le prix du grand steeple-chase, battant les meilleurs chevaux français.

« Les effets de cette course et ceux du travail auquel le cheval avait été soumis depuis le feu n'avaient jamais réveillé la moindre inflammation sur les tendons.

« *Sucre-d'Orge*, pour des motifs étrangers à sa santé, cessa de poursuivre la carrière des courses pour entrer dans celle de la chasse à courre, où il figurait encore l'an passé.

« La cure avait été si complète que le cheval ne souffrit plus jamais de ses tendons.

« Je l'ai revu deux fois, à deux années d'intervalle. A la vérité les tendons n'avaient pas entièrement récupéré leur exiguïté originelle ; ils étaient restés légèrement gros ; mais leur densité et leur fraîcheur étaient toujours les mêmes, que le cheval fût depuis longtemps soumis à un travail pénible ou à un repos prolongé.

« Certes, c'est là l'un des plus beaux cas que je puisse citer dans ma longue pratique. Que de fois je me suis demandé si le feu, par les anciens procédés, aurait pu donner un résultat aussi satisfaisant !

« Le feu pénétrant est le seul qui soit employé à Nantes par tous les vétérinaires depuis bien des années. Cette seule circonstance ne prouve-t-elle pas suffisamment son efficacité ?

« Ce procédé, comparé aux anciens, leur est aussi supérieur dans le cas de tumeurs dures, indurations, suros, jardons, éparvins, que dans ceux d'hydropisies synoviales. Peut-être même son triomphe est-il là encore plus éclatant. »

Mon ami Dupon, vétérinaire en premier du 9ᵉ chasseurs, a pratiqué plusieurs fois le feu en pointes fines et pénétrantes, d'après le Manuel que jai décrit dans le *Journal de médecine vétérinaire militaire*, numéros de septembre et d'octobre 1876.

Les résultats qu'il a obtenus par ce mode de cautérisation sont assez avantageux pour qu'il lui soit possible de se prononcer en sa faveur : « Ce feu, dit-il, ne laisse aucune trace à la peau tout en produisant plus d'effet que le feu par les procédés anciens. Outre cela, étant très expéditif, il abrège et le temps de l'opération et les souffrances de l'animal, ainsi que le prouvent les faits signalés ci-dessous. C'est le mode de cautérisation qui convient le mieux dans le cas de tumeurs synoviales et de périostite récente. Il ne paraît pas donner d'aussi bons résultats dans les tumeurs osseuses un peu anciennes. Mais n'est-ce pas déjà beaucoup que d'obtenir la résolution d'énormes tumeurs synoviales sans laisser la moindre trace à la peau ! Ce mode de cautérisation, par ce double avantage, se recommande tout particulièrement aux vétérinaires militaires. Nul doute aussi que le mélange résolutif préconisé par M. Foucher, à la suite de l'application des pointes pénétrantes, n'ait une action marquée sur la résolution des tumeurs. »

Il me paraît inutile de faire la narration des treize cas, dont onze de dilations synoviales et deux de tumeurs osseuses que mentionne M. Dupon.

M. Laligant, vétérinaire à Dijon, a, dans l'espace de dix-huit mois environ, mis quarante feux en pointes fines et pénétrantes sur des vessigons articulaires et tendineux, sur des engorgements des tendons et sur toutes les tumeurs osseuses ayant besoin du feu ordinaire. Une seule fois il l'a employé sur des mollettes. *Il n'a jamais eu d'accidents.* — Dans la majorité des cas, il a obtenu des résultats très satisfaisants, et aujourd'hui qu'il a l'habitude du feu à aiguilles, il le pratique presque exclusivement. Il est partisan du vésicant après l'opération.

En somme, à son avis, le feu en pointes fines et pénétrantes peut réussir là où le feu ordinaire a échoué ; il ne le trouve pas plus dangereux que ce dernier : mais il déclare que, mal appliqué, il peut ou ne produire aucun effet ou causer des accidents.

M. Gaignard, de Chalonnes (Maine-et-Loire), a pratiqué du 5 mars au 20 juillet 1878, treize cautérisations en aiguilles sur dix sujets différents qui pour la plupart, avaient déjà été traités par le feu ordinaire.

M. Gaignard, après ces expériences, croit à l'efficacité de ce procédé chirurgical, mais en lui attribuant des propriétés thérapeutiques beaucoup plus prononcées dans le traitement des hydarthroses articulaires et tendineuses que pour combattre les tumeurs osseuses ou les engorgements tendineux, notamment les nerfs-férures.

Ce vétérinaire expérimenté trouve, et il a cent fois raison, qu'il faut une certaine pratique pour manier le cautère à épaulement dont il se sert ; mais il ajoute qu'un bon opérateur arrive promptement à la sûreté de main nécessaire. Il fait aussi quelques réflexions fort justes sur la nécessité d'espacer plus ou moins les pointes suivant les cas.

M. Gaignard rapporte ensuite plusieurs cas de guérison.

Le premier a trait à un effort de boulet compliqué d'arthrite traumatique. Le cheval qui en fait l'objet fut présenté à M. Gaignard le 23 janvier 1878, après avoir mis trois heures à parcourir 6 kilomètres et en boitant à trois jambes. Le propriétaire allait livrer son animal à l'équarrisseur si M. Gaignard ne l'en avait détourné.

Après avoir calmé l'inflammation par un traitement approprié, M. Gaignard mit, le 13 février, un feu en raies qui produisit une amélioration sensible tout en laissant persister une claudication manifeste.

Le 20 mars, il appliqua un feu en aiguilles qui amena une guérison radicale sans tarer le sujet plus qu'il ne l'était déjà.

M. Gaignard fit, le 2 avril, la cautérisation en pointes fines et pénétrantes d'un vessigon tendineux du jarret droit.

Le 7 mai, l'état du malade ne s'étant pas amélioré, il appliqua une seconde fois le feu pénétrant. Deux mois après, le jarret avait recupéré son volume normal, il était devenu net et les traces du feu étaient insignifiantes.

Une boiterie très intense, déterminée par une courbe ancienne qui avait résisté à la cautérisation superficielle, disparut presque complètement par le feu pénétrant. En résumé : M. Gaignard, qui n'a cependant pas toujours réussi avec le feu en aiguilles, le trouve supérieur aux anciens procédés. Il a la modestie d'attribuer ses quelques insuccès à son inexpérience du début bien plus qu'à la méthode.

M. Lemoine de Dinan (Côtes-du-Nord), a guéri avec le feu pénétrant des malades à peu près abandonnés. Il cite, entre autres, un exemple d'exostose très ancienne de la face antérieure du tibia, suite de coup de pied, traitée en vain et pendant fort longtemps pas les fondants et les vésicants.

La jument atteinte de ce mal, étant considérée comme incurable, fut vendue à vil prix à un M. de Ponbriant. Le feu en pointes fines et pénétrantes fit rapidement fondre la périostose et disparaître la boiterie. Six mois après, la bête, parfaitement rétablie, était estimée de 800 à 900 francs.

M. Blanleuil, vétérinaire à Archiac (Charente-Inférieure), trouve au feu en aiguilles d'immenses avantages, parmi lesquels il signale ses indéniables propriétés curatives, le peu de traces qu'il laisse, la perfection de ses résultats, la promptitude avec laquelle il peut être appliqué, etc., etc.....

Il en a fait usage dans un grand nombre de circonstances qui démontrent son efficacité.

Le 4 mars 1878, M. Bouchet, de Saint-Palais, l'a consulté pour une jument bretonne, âgée de neuf ans, atteinte, au membre postérieur droit d'une lymphangite très intense, accompagnée d'un énorme engorgement chaud et douloureux rendant l'appui à peu près impossible ; la pauvre bête marchait à trois jambes, et encore fallait-il qu'elle fût vivement excitée.

Le 26, après un traitement antiphlogistique sur lequel je passe à dessein, l'animal marchait tout aussi difficilement qu'au début ; mais le jarret seul restait tuméfié. La malade ne s'était pas couchée une fois et, pour tout mouvement dans la *box* où elle était en liberté, elle pivotait sur le membre sain.

Le propriétaire, croyant sa jument perdue, était décidé à la faire abattre quand M. Blanleuil lui proposa d'essayer le feu en aiguilles, qui fut appliqué le jour même avec des cautères à pointes de platine.

Au moment de l'opération le jarret, trois fois plus gros qu'à l'état normal, présentait d'énormes vessigons articulaires parfaitement caractérisés.

Les pointes de feu appliquées tout autour du jarret, d'après les indications que j'avais transmises à mon confrère, déterminèrent un écoulement synovial très abondant.

Trois jours après, et pour la première fois depuis vingt-quatre jours, la malade se coucha, sortit dans un pré en s'appuyant sur le membre opéré et en fléchissant le jarret.

Le 10 avril, la guérison était complète ; la claudication avait disparu.

Le 23 juillet, le jarret était aussi sec que l'autre ; les traces du feu étaient si peu apparentes, qu'il fallait être du métier pour les reconnaître, et encore ne le pouvait-on qu'au toucher.

M. Blanleuil a également obtenu d'excellents résultats du feu pénétrant pour combattre de vieilles nerf-férures, des tumeurs osseuses résultant de coups de pied, des mollettes articulaires ayant résisté aux liniments vésicants, un éparvin déterminant une claudication très intense, etc..., etc...

M. Ploquin, vétérinaire à Thouars (Deux-Sèvres), après avoir suivi pendant quelque temps à Nantes, il y a huit ans, les cliniques de M. Abadie et de M. Lecornué, applique exclusivement, depuis cette époque, le feu en pointes fines et pénétrantes dont il obtient d'excellents résultats, quelquefois même surprenants.

M. Ploquin se sert de cautères à pointes de platine.

M. Vivier, vétérinaire à Paris, emploie à peu près uniquement le feu en aiguilles pour tous les cas où la cautérisation actuelle est indiquée ; il lui a donné des résultats merveilleux pour le traitement des vessigons, des mollettes, des nerf-férures ; mais il a échoué contre un vessigon ancien du jarret qui avait, il est vrai, résisté deux fois au feu ordinaire.

Il a dû, dans quelques cas, faire deux applications pour arriver à la guérison. Il n'a pas eu un seul accident à déplorer.

M. Maury, de Montpellier, pratique l'igni-puncture avec le cautère à pointe de platine, et pour éviter la cautérisation de la peau, par l'épaulement, il emploie, en guise d'isoloir, une plaque d'acier percée d'un trou central.

Ce procédé lui a procuré de nombreuses et très belles cures de mollettes, et sur trois vessigons très développés, il en a guéri deux radicalement sans cicatrices appréciables ; le troisième, qui semblait vouloir résister, il y a quinze jours, est aujourd'hui réduit de moitié, et M. Maury croit à sa complète résorption sous peu.

M. Moreau, de Saint-Jean-d'Angély, fait usage du feu pénétrant depuis longtemps. Il en est si satisfait qu'il n'hésite pas à proclamer sa supériorité sur tous les autres procédés de cautérisation.

M. Dorlencourt, vétérinaire à Paris, initié par moi à l'igni-puncture dans le courant de septembre 1876, a depuis

cette époque, appliqué *cent soixante-huit* feux en aiguilles,
sans compter ceux qu'il a mis sur les chevaux des admi-
nistrations où il est chargé du service vétérinaire.
M. Dorlencourt a obtenu de ce mode de cautérisation
des résultats magnifiques, et jamais il n'a eu à déplorer
un seul accident.

J'ai lu des lettres qui prouvent péremptoirement qu'il
a guéri des cas réputés incurables.

M. Mongazon, de Libourne, a également pris à partie
M. Bugniet et à fait à sa *note* une réponse qui mérite
d'être rapportée.

M. Bugniet, dit-il, a eu la malechance de ne pas
guérir un seul malade, durant six mois par la cautérisation à aiguilles. Je conviens qu'il n'a pas été heureux,
certe, dans ses essais ; il avait pourtant bien suivi le
manuel opératoire, paraît-il ; mais que voulez-vous ?
quand on n'est pas satisfait d'un procédé, il est peut-être
plus logique d'essayer d'un autre que de se plaindre de
la méthode tout entière. En tous cas, ce qu'il n'a pas pu
obtenir, d'autres l'obtiennent assez souvent à sa place :
rien n'est plus simple à lui que s'en assurer matérielle-
ment auprès de ceux de ses confrères plus heureux qu'il
honore implicitement, dans sa Note, d'une confiance...!
En voici une preuve :

27 *janvier* 1877. — M. Gaillard, cultivateur à Puisse-
guin. Jument anglo-normande 3/4 sang, huit ans, bai
foncé. Exostose à la face antérieure du boulet occasionnant une boiterie très intense du membre antérieur
droit, ayant résisté pendant deux mois à l'action des
fondants les plus énergiques. Feu à aiguilles (2 millimètres de diamètre) ne pénétrant qu'une seule fois :
diminution de la boiterie ; reprise du travail pendant

trois mois, après lesquels la boiterie revient à son point de départ. Le 25 juillet, réapplication du feu en aiguilles pénétrant deux fois : reprise du travail quinze jours après ; deux mois plus tard, disparition complète de la boiterie et presque complète de l'exostose. A toujours continué depuis un service de 25 kilomètres par jour, en moyenne, sans que la boiterie ait jamais reparu.

28 *avril*. — MM. Faneuil et Labattut, brasseurs à Libourne. Jument bretonne, gros trait, sept ans, noire. Eparvin calleux volumineux ayant amené depuis plus d'un an une boiterie très intense du membre postérieur gauche, même au pas ; déjà traitée par le feu ordinaire, allait être mise hors de service. Feu à aiguilles pénétrant deux fois 2^{mm} 1/2. Guérison radicale : fait son service tous les jours depuis.

1er *mai*. — M. Fourcaud-Duplessis, propriétaire à Saint-Emilion. Jument hollandaise de trait léger, dix-huit ans, bai brun. Mollettes indurées énormes aux deux boulets postérieurs. A déjà reçu l'application du feu en raies, il y a dix-huit mois. Ne tient plus debout. Feu à aiguilles pénétrant trois fois (2^{mm} 1/2 de diamètre et 20 millimètres de longueur). Disparition des mollettes et de la boiterie au bout de deux mois.

8 *juin*. — M. Rives, marchand à Libourne. Jument bretonne, gros trait, hors d'âge, gris clair. Forme postérieure droite la mettant dans la plus complète impossibilité de continuer son service. Feu à aiguilles pénétrant trois fois (3 millimètres). Au bout de huit jours, disparition de la boiterie qui n'a plus reparu. Fait un travail excessif.

29 *juin*. — M. Boiteau, voiturier à Guitres. Deux chevaux tarbais, de diligence, cinq et douze ans, gris

clair, truités, tous deux boiteux : le premier atteint de deux suros du volume de grosses noix à la face interne des canons antérieurs ; le second , d'une forme au paturon antérieur gauche et d'un éparvin au jarret droit. Feu à aiguilles pénétrant deux et trois fois (3 millimètres). Toutes les exostoses se sont considérablement aplaties et la boiterie a disparu entièrement. N'ont jamais cessé de travailler.

18 *juillet*. — M. Pierre de Guilhemanson, propriétaire au château Fompeyre. *Gringalet*, cheval anglais de pur sang 1^m,65, dix ans, bai cerise. Engorgements durs, chroniques de la partie externe des canons et des tendons postérieurs, avec raideur des deux membres. A reçu un feu en pointes transcurrentes resté sans résultat. Feu à aiguilles très rapprochées ne pénétrant qu'une seule fois (2 millimètres de diamètre et 8 millimètres de longueur). Au bout de trois mois, il ne reste plus aucune trace ni des engorgements, ni de la raideur.

20 *août*. — M. Dupeyron, voiturier à Saint-Emilion. *Incident*, cheval normand, quatorze ans, gris pommelé, réformé pour une énorme mollette chevillée et indurée du membre postérieur droit, avec boiterie très intense, ayant résisté à plusieurs applications du feu transcurrent Feu à aiguilles pénétrant trois, quatre et cinq fois (3 millimètres de diamètre et 25 millimètres de profondeur). Guérison complète au bout de trois mois, sans suspension de travail. Fait tous les jours un service excessif, sans boiter.

10 *septembre*. — M. Jentet, entrepreneur de transports, à Libourne. Jument bretonne de gros trait, quinze ans, gris clair. Forme de la couronne postérieure gauche avec boiterie très accusée au pas. Feu à aiguilles péné-

trant deux fois (2 millimètres de diamètre). A repris son travail au bout de quatre jours : un mois après, disparition complète de la boiterie et aplatissement de la forme.

27 *septembre*. — M. Quentin, voiturier à Sainte-Terre. Jument bretonne de trait léger, six ans, blanche. Fatigue excessive avec arqûre ; engorgements chroniques des deux tendons antérieurs. Feu à aiguilles (2 millimètres) pénétrant deux et trois fois. Reprise du travail après quinze jours ; disparition de la boiterie et diminution des engorgements qui n'ont jamais complètement disparu.

12 *octobre*. — M. Rousselot, huissier à Libourne. Jument bretonne de trait léger, dix ans, bai brun. Mollettes et hygroma du boulet antérieur droit occasionnant un boiterie très intense qui met l'animal dans l'impossibliité absolue de continuer son service, malgré les tentatives du propriétaire. Feu à aiguilles (3 millimètres de diamètre et 15 millimètres de profondeur) pénétrant trois et quatre fois, mais espacées. Ecoulement abondant de synovie par plus de vingt ouvertures à la fois ; engorgement énorme faisant craindre des accidents. Quinze jours après, cessation complète de la boiterie ; diminution de l'engorgement ; reprise du travail, qui n'a pas cessé depuis. Aujourd'hui, l'hygroma et la mollette ont beaucoup diminué, mais n'ont pas entièrement disparu ; plus de boiterie.

29 *octobre*. — M. Lajeunesse, cocher à Bordeaux. Cheval anglo-normand, six ans, bai marron. Engorgement chronique très ancien de la région du canon et du tendon des membres antérieurs, avec boiterie mettant l'animal dans l'impossibilité de continuer son service.

Feu à aiguilles (2 millimètres) pénétrant une seule fois, mais rapprochées. Disparition de la boiterie, même sur le pavé ; diminution considérable des engorgements.

M. Henry, vétérinaire militaire, ayant obtenu de bons résultats par l'igni-puncture, a fait entendre sa voix dans le concert de protestations qu'a soulevées la fameuse *note* de M. Bugniet.

Il s'exprime ainsi dans le *Recueil de médecine vétérinaire* du mois de décembre 1878 :

« Le seul, le grand inconvénient du nouveau mode de cautérisation, *c'est sa complète impuissance !* Ainsi parle M. Bugniet ; et il tient ce langage, parce que, depuis bientôt six mois, il n'a eu à enregistrer que des insuccès. Ainsi voilà grâce à M. Bugniet, la cautérisation à aiguilles condamnée, et tout cela, parce qu'il n'a pu faire disparaître des vessigons tendineux, des mollettes, des efforts tendineux, etc.

« Que M. Bugniet me permette de lui répéter ce que d'autres confrères lui ont dit avant moi : décidément, il joue de malheur ! Il y a de ces praticiens très habiles dans les mains de qui rien ne réussit. Comment expliquer la chose ? je n'en sais rien, mais cela est. M. Bugniet est peut-être de ceux-là ! Qu'on le plaigne ! Mais il m'est impossible, ayant lu son article plusieurs fois, de ne pas lui faire part de mon grand étonnement, et de ne pas protester contre une exagération qui tendrait à faire rejeter, en le condamnant à jamais, un moyen pratique et efficace dans le traitement des exostoses et les dilatations synoviales articulaires et tendineuses.

« Que M. Bugniet recommence donc ses expériences, et, s'il opère comme le font ses confrères, c'est-à-dire MM. Leblanc, Abadie, Bianchi, Lenck, Thierry, Foucher,

Peuch, Salle, Mongazon, et comme je le fais moi-même, je ne doute pas qu'il arrive aux mêmes résultats que les nôtres.

« En accusant ce procédé pratique qui m'a fait abandonner les gros cautères dont je me servais dans les autres régiments où j'ai exercé, en l'accusant de complète impuissance, M. Bugniet est allé beaucoup trop loin, ce qu'il me sera facile de lui prouver par quelques observations que je placerai sous ses yeux.

« Je ne suis qu'un praticien ordinaire, apprenant tous les jours quelque chose et ne demandant pas mieux que d'apprendre ; mais j'avoue que je suis heureux de me trouver en communication d'idées avec les bons praticiens dont les noms ont été cités plusieurs fois dans le *Recueil*.

« Dire que la cautérisation à aiguilles fait tout disparaître, ce serait tomber dans l'exagération opposée, et, quand il s'agit de rendre compte de faits expérimentaux, il faut dire ce qui est, et rien que la vérité. Eh bien ! la cautérisation à aiguilles ne fait pas disparaître toutes les tumeurs osseuses et molles, si fréquentes chez nos chevaux ; elle n'a pas encore la puissance des eaux de Lourdes et de Paray-le-Monial ; mais elle en combat un si grand nombre, qu'on peut, sans crainte aucune, la conseiller comme excellent moyen à mettre en pratique pour faire disparaître ces tares qui, en occasionnant des boiteries si intenses, diminuent considérablement la valeur des sujets sur lesquels on les remarque, et privent l'homme des services précieux qu'il est en droit d'attendre de ces mêmes sujets.

« M. Bugniet dit que c'est à peine s'il a vu suinter quelques gouttes de sang après l'opération. Je puis lui affirmer qu'une heure après la cautérisation, et souvent après moins de temps encore, j'ai, dans tous les cas, vu suinter en abondance un liquide roussâtre, et survenir un engorgement considérable. Je prendrai comme exemple un sujet atteint d'un vessigon tendineux très développé sur lequel j'ai pratiqué ce mode de cautérisatton. Tout le membre était devenu énorme, et, une heure après l'application du feu, un suintement roussâtre et très abondant s'échappait des nombreuses blessures très rapprochées faites par les aiguilles. Ce cheval est aujourd'hui dans les rangs ; il fait un excellent service, et l'on ne se douterait pas qu'à la place opérée a existé un vessigon tendineux.

« Voici d'autres observations qui prouveront à M. Bugniet que si, dans ses mains la cautérisation à aiguilles a pour seul inconvénient d'être *complètement impuissante, dans d'autres, plus heureuses, elle a l'immense avantage de faire disparaître beaucoup de tares osseuses et molles, en ne laissant que des traces à peine visibles.*

« Observation I. — *Juba*, n° m^{le} 73, est une jument âgée de douze ans, ardente, mais qui est atteinte, aux deux pieds antérieurs, de formes coronaires très développées, occasionnant une boiterie très intense. Traitées par la cautérisation à aiguilles, pénétrant deux fois, elles ont très sensiblement diminué, surtout à gauche, et la boiterie a complètement cessé.

« Observation II. — *Follette*, n° m^{le} 48, appartenant à M. le capitaine Moriot, est âgée de six ans. Soumise à des allures très vives et à des courses assez souvent longues, elle a les deux boulets postérieurs fortement engorgés. Celui du côté droit étant plus développé que celui du côté opposé, je pratique la cautérisation à aiguilles, pénétrant deux fois. Au bout de quatre à cinq semaines, l'engorgement a complètement disparu, et ce boulet est beaucoup moins gros que celui du côté gauche. Les pointes ont été mises rapprochées, et les traces sont à peine apparentes.

« OBSERVATION III. — *Rig*, n° m^le 752, est un cheval de cinq ans, atteint au jarret droit d'un vessigon tendineux très développé. J'ai recours à la cautérisation à aiguilles pénétrant deux fois, et j'ai soin de rapprocher les pointes. Une heure à peine après le feu, un écoulement roussâtre et très abondant a lieu, et le lendemain tout le membre est très fortement engorgé. Cinq à six semaines après, les tumeurs ont complètement disparu, et c'est à peine si l'on voit les traces du feu. Ce résultat est complètement satisfaisant.

« OBSERVATION IV. — *Lance*, n° m^le 61, est une jument très irritable qui a contracté un volumineux capelet à gauche. Traitée par la cautérisation à aiguilles, pénétrant une seule fois, la tumeur après avoir laissé échapper un abondant liquide, a diminué, mais n'a pas encore complètement disparu. Sur ce sujet, l'effet n'a pas été complet ; je me propose de recourir de nouveau à la cautérisation à aiguilles, mais en pénétrant deux fois.

« Je pourrais citer d'autres observations recueillies sur des sujets atteints d'exostoses. En ce moment, je traite par le même moyen une jument atteinte au jarret gauche d'un éparvin calleux très développé et occasionnant une boiterie sensible. La tumeur s'est déjà fortement aplatie, et la claudication a cessé. J'espère ici un succès complet.

« Si ces quelques observations, jointes à celles de nos confrères qui ont écrit sur la question, ne suffisent pas à M. Bugniet pour le convaincre de son exagération et de son erreur, je pourrai, plus tard, lui en fournir d'autres qui, je l'espère, seront plus concluantes, car je n'abandonne pas la cautérisation à aiguilles parce que M. Bugniet la trouve complètement impuissante. Il est vrai qu'à côté des quelques avantages qu'il lui reconnaît, c'est le seul inconvénient qu'il lui reproche. »

Les développements qui précèdent, démontrent péremptoirement, j'ose l'espérer, la supériorité du feu en aiguilles, je tiens cependant, pour convaincre les plus récalcitrants, à citer encore des faits cliniques bien et dûment constatés, pris dans ma pratique, choisissant de préférence les cas dans lesquels le feu superficiel ou les vésicants avaient échoué. Je prouverai ainsi, et mieux que par toutes les phrases, l'inanité des critiques plus ou moins spéculatives de mes contradicteurs.

1re Observation. — Au printemps de 1872, une jument, appartenant à M. Maîtrejean, major du 2e régiment de hussards, présente aux deux jarrets de petits vessigons que n'a pu faire disparaître la pommade de deuto-iodure de mercure. Le feu en pointes très fines et très rapprochées amène la guérison, sans laisser d'autres traces qu'une teinte charbonnée du poil sur la surface cautérisée.

2e Observation. — *Le Gloseur*, n° 355, du 3e escadron, allait être proposé pour la réforme comme usé des membres antérieurs, par suite d'efforts des tendons, combattus sans succès par les frictions vésicantes réitérées.

Le feu en pointes pénétrantes, mis le 8 avril 1874, le guérit radicalement et lui permet de faire un bon service au corps jusqu'en janvier 1876, époque de son passage dans un autre régiment.

3ᵉ Observation. — *Distinguée*, n° 23, monture d'officier, a le long du tendon postérieur gauche un engorgement chronique, fusiforme, indolent, dur, qui augmente après l'exercice, et avait résisté à l'action du feu en pointes superficielles, appliqué un an avant.

Le feu en pointes fines et pénétrantes, mis le 11 mai 1874, fait disparaître complètement la maladie, et aujourd'hui il serait difficile de voir sur le tendon d'autres traces que celles du feu superficiel.

4ᵉ Observation. — *Marchandise*, n° 179, du 2ᵉ escadron, reçoit à la face interne du jarret droit un coup de pied qui détermine une claudication intense. Les douches d'abord, les vésicants ensuite ne peuvent triompher du mal ; la boiterie persiste, toute la face interne du jarret devient le siège d'un engorgement dur qui fait craindre une ankylose.

Le 10 octobre 1874 cautérisation en aiguilles ; le 1ᵉʳ novembre suivant, *Marchandise* reprend son service qu'elle n'a pas interrompu depuis.

5ᵉ Observation. — *Zéphirine*, propriété de M. le commandant Duron, arrive au régiment le 26 mai 1874 avec des mollettes aux quatre membres ; celles de derrière sont si grosses qu'elles causent une bouleture très prononcée et rendent l'animal tellement pinçard qu'il coupe ses fers en huit jours, malgré l'épaisseur et la couverture qu'un sot maréchal leur avait données.

Après l'application des fers rationnels, c'est-à-dire nourris en éponge pour les antérieurs et à crampons pour les postérieurs, je fais usage, dans le courant d'octobre 1874, du feu en pointes fines et pénétrantes sur un bipède diagonal d'abord, puis sur l'autre 15 jours après. Aujourd'hui, près de deux ans après l'opération,

Zéphirine n'a pas été indisponible une heure, ses mollettes ont disparu, ses boulets ont repris leurs aplombs réguliers, l'usure des fers est normale et plus n'est besoin de recourir aux crampons.

6ᵉ Observation. — *Zanclienne*, n° 516, du 3ᵉ escadron, âgée de 14 ans, est proposée pour la réforme comme usée complètement des quatre membres, notamment de l'antérieur gauche, atteint d'énormes mollettes articulaires et tendineuses, ayant résisté à l'action d'un feu en raies qui a laissé de grandes cicatrices.

Application du feu en pointes fines, pénétrant dans les gaînes synoviales, le 22 mai 1875.

Le jour même se produit un écoulement considérable de sérosité et de synovie.

23 mai, engorgement énorme du boulet, du canon et du genou ; épaisse couche de synovie liquide et coagulée ; fièvre intense.

Le 29 mai, quand je revois le sujet, après une absence de quelques jours, le suintement a cessé, les grosses croûtes brunâtres qui se sont formées commencent à s'écailler et l'engorgement, toujours très accusé, est plus circonscrit.

Le 22 juin suivant, c'est-à-dire un mois après l'opération, quand cette jument est vendue dans le commerce, ses mollettes ont disparu, le boulet encore tuméfié a repris beaucoup d'élasticité, la marche est régulière.

Quoique ayant perdu de vue cette bête, il m'est permis de supposer que sa guérison a été complète. Dans tous les cas, elle a donné une preuve de l'innocuité des ponctions synoviales.

7ᵉ Observation. — *Décision*, n° 30, monture de M. le

sous-lieutenant Poisot, a un engorgement à la face interne du genou droit, contre lequel les vésicants ont été impuissants. Le feu en pointes fines et pénétrantes que je mets le 8 octobre 1875, rétablit la région malade dans ses conditions normales.

8ᵉ Observation. — *Vermeil*, n° 714, du 1ᵉʳ escadron, a été traité en vain par les vésicants, pendant près d'un an, d'un vessigon rotulien gauche, qui le fait boiter après le moindre exercice.

Feu en pointes fines, pénétrant dans la synoviale, le 8 octobre 1875. Vessigon et claudication disparaissent rapidement et ne se sont pas remontrés jusqu'à ce jour, dix mois après l'opération.

9ᵉ Observation. — *Xéraste*, n° 81, à M. le sous-lieutenant Rataud, présente, à la suite d'atteintes réitérées, un engorgement chronique au-dessous et à la face interne du genou gauche, maladie traitée sans résultats par les vésicatoires et les fondants combinés. Application du feu en pointes pénétrantes, le 10 octobre 1875 ; six semaines après, le genou malade est semblable à l'autre et après 10 mois de service la guérison ne s'est pas démentie.

10ᵉ Observation. — *Le Mage*, n° 375, 17 ans, mollettes chroniques aux membres antérieurs, cautérisation pénétrante le 12 octobre 1875 ; guérison assez rapide. Aujourd'hui les deux boulets sont revenus à l'état normal.

11ᵉ Observation. — *Zénith*, n° 500, 6 ans, mollettes et efforts des tendons antérieurs ; feu profond le 19 octobre 1875 ; guérison radicale, traces presque nulles.

12ᵉ Observation. — *Chasselas*, n° 60, 10 ans, efforts

des tendons et mollettes antérieures. Feu pénétrant le 30 octobre 1875 ; succès complet.

13e OBSERVATION. — *Virulent*, n° 7, à M. le capitaine Cadet de Vaux, est affecté d'efforts des tendons antérieurs combattus sans succès par un liniment vésicant. Le feu en pointes fines et pénétrantes, mis le 5 novembre 1875, guérit sans laisser de traces.

14e OBSERVATION. — *Gabion*, propriété de M. le colonel O'Brien, a été traité, il y a longtemps déjà, de mollettes et d'engorgements chroniques des tendons et des boulets antérieures, par un feu en raies transversales qui a laissé, à droite surtout, de larges cicatrices.

Après cette opération, le vétérinaire traitant voyant persister la boiterie à droite fit la névrotomie plantaire.

Quand l'animal m'est présenté, il boite d'une manière très prononcée du membre antérieur droit ; le boulet du même côté est assez volumineux et couvert de cicatrices difformes. Je fais cesser d'abord un suintement des deux fourchettes par l'emploi de la liqueur de Villate, sans faire disparaître la boiterie de droite que je n'attribuais pas d'ailleurs à la pourriture de la fourchette.

J'applique dans les premiers jours de mai 1876 sur le boulet et le tendon droits, un vigoureux feu en aiguilles suivi, comme je le fais toujours, d'une friction vésicante. Les synoviales articulaires et tendineuses ponctionnées, sur un grand nombre de points, laissent immédiatement échapper de la synovie en quantité telle que mêlée à la sérosité, elle imprègne toute la partie inférieure du membre qu'elle recouvre d'une couche albumineuse jaune grisâtre et va même mouiller la litière sous les pieds de devant.

Le lendemain, l'engorgement est énorme, très chaud,

très douloureux, l'écoulement de sérosité et de synovie considérable ; le malade, d'un tempérament nervoso-sanguin, est très abattu, atteint d'une fièvre intense et ne touche pas à ses aliments.

M. O'Brien, qui m'avait donné toute latitude d'opérer avec l'énergie que je jugerais à propos, ne put se défendre d'une certaine crainte en voyant l'état de son cheval, crainte d'autant plus explicable que deux vétérinaires qui virent le sujet, ne lui parurent pas rassurés sur les suites du traitement.

Le surlendemain, les symptômes fébriles sont moins accusés, l'animal mange un peu de barbotage, la tuméfaction n'a pas beaucoup diminué, la sérosité commence à se concréter, la synovie coule moins et se coagule plus vite.

Le quatrième jour, la fièvre a disparu, l'écoulement séreux et synovial a complètement cessé, une couche épaisse de croûtes jaune-brunâtre recouvre le canon et le boulet, le gonflement est moins chaud, moins douloureux et ne remonte plus au-dessus du genou qu'il avait envahi.

Le 5ᵉ jour et jours suivants, apparaissent successivement tous les phénomènes consécutifs à l'application du feu, tels qu'ils ont été décrits plus haut.

Au mois de juin, la boiterie avait disparu et, quatre mois après, elle ne s'était pas remontrée.

Ce feu n'a pas laissé de traces ; le boulet n'a pas d'autres cicatrices que celles qu'a causées le feu transcurrent.

15ᵉ Observation. — *Clôture*, n° 138, vessigon carpien à droite. Vésicatoire sans effets. Guérison parfaite par le feu en pointes fines et pénétrantes, appliqué le 28 mai 1876.

16° Observation. — Le 2 juillet dernier, *Antoinette*, monture de M. le capitaine Gandonnière, effrayée par un tas de sable, s'abat, à la suite d'un écart, sur le sol d'une route récemment empierrée. Sa chute est d'autant plus violente que le cavalier n'est pas désarçonné et ajoute son poids au sien.

Les deux genoux sont atteints; mais le droit assez légèrement. Le gauche est le siège de lésions profondes dont je constate, séance tenante, la gravité et qu'un examen plus minutieux, le lendemain, me fait voir mieux encore.

A sa face antérieure existe une large blessure s'étendant d'un côté à l'autre, avec une légère obliquité de dehors en dedans et de bas en haut, affectant la forme d'une ellipse très allongée qui doit avoir été faite par une pierre tranchante, tant la peau est nettement coupée. Cette plaie présente deux grosses lèvres ou bourrelets rougeâtres, au milieu desquels se voient des filaments de tissu fibreux, et du sillon profond qui les sépare s'écoule en abondance de la synovie caillebotée, floconneuse, sanguinolente, imprégnant toute la partie inférieure du membre.

La marche est excessivement pénible, la progression du membre antérieur gauche présente des difficultés inouïes et il faut, le fouet aidant, cinq heures pour faire parcourir à la pauvre *Antoinette*, si vigoureuse pourtant, une distance de 4 à 5 kilomètres.

Ce jour-là, les douches froides pendant 5 heures font tous les frais du traitement.

Le lendemain, une fièvre violente s'est déclarée, l'appétit est nul, la soif inextinguible ; la marche est à peu près impossible ; l'engorgement du genou, presque nul la veille, est, sinon considérable, du moins très évident ; la plaie est toujours rougeâtre, son étendue d'un côté à l'autre est de 10 centimètres et sa plus grande largeur de 6 centimètres ; la synovie coule en grande quantité et forme des caillots jaunes mousseux.

Les tissus atteints sont, de la surface aux parties profondes : 1° la peau assez nettement coupée, sans perte de substance, avec les deux lèvres de la solution de continuité retournées en dehors ; 2° l'aponévrose d'enveloppe du genou entamée sur une étendue moindre que la peau ; 3° le tendon de l'extenseur antérieur du métacarpe dont la section est complète à un centimètre environ de son insertion au métacarpien principal et dont les deux bouts coupés sont filandreux, très apparents dans l'épaisseur des grosses lèvres de la plaie et s'éloignent ou se rapprochent suivant les mouvements du membre ; 4° la synoviale du tendon de l'épitrochlo-pré-métacarpien ; 5° le ligament antérieur de l'articulation carpienne coupé en travers sur une largeur de 2 centimètres environ ; 6° la gaîne synoviale articulaire avec une ouverture d'un centimètre à peu près ; 7° enfin, le 2ᵉ carpien de la région inférieure mis à découvert.

Malgré le danger d'une exploration directe, j'ai tenu en présence d'un collègue, à m'assurer par le toucher de l'exactitude des lésions mentionnées ci-dessus.

De pareils délabrements rendent la guérison très problématique ; l'arthrite suivie d'ankylose est presque certaine ; le pronostic est donc d'une extrême gravité ; aussi je n'hésite pas à faire l'essai du feu en pointes fines et pénétrantes. L'opération est faite le 3 juillet, lendemain de l'accident.

Le 4, malgré les précautions prises, le malade se gratte au bat-flancs voisin, se fait une large plaie sur la face externe du genou gauche et met en sang celle de devant; l'engorgement est considérable ; la sérosité et la synovie mélangées au sang forment un liquide rougeâtre qui tombe jusqu'au sol.

L'animal déjà attaché au râtelier et éloigné de la mangeoire par un bat-flancs mis à plat à la hauteur du poitrail, est entravé des deux membres antérieurs. Le genou malade est recouvert d'étoupes hachées et de poudre de charbon de bois imprégnée d'huile de cade.

Le 5 juillet, amélioration notable, les étoupes et le charbon forment avec le sang, la sérosité et la synovie, une couche brunâtre au-dessous de laquelle les plaies se montrent avec une teinte jaune-verdâtre qui annonce la formation de la membrane piogénique ; la synovie, beaucoup moins abondante, forme un gros caillot jaune dans le sillon de la plaie.

Même pansement que la veille.

6 *juillet*. Croûtes brunes à la face interne du genou ; plaies bourgeonneuses suppurantes en dehors et en avant; il existe encore un petit caillot de synovie dans le centre de la plaie antérieure ; la tuméfaction a un peu diminué ; la marche est moins difficile, l'état général du sujet est meilleur, la fièvre a disparu, l'appétit est revenu.

Douches froides, liqueur de Villate sur les plaies, pansement avec de l'étoupe et une toile entourant tout le genou.

7 *juillet*. — Sur le pansement on trouve de petits

fragments de tissu fibreux, de la synovie coagulée et du pus, la séreuse articulaire est complètement obstruée, et, quand le membre est à l'appui, elle forme en avant du genou, dans le milieu de la plaie, une petite boursouflure très apparente.

A partir de ce jour, le mieux s'accuse de plus en plus ; les plaies diminuent de diamètre, prennent un bon aspect ; les saillies bourgeonneuses trop prononcées s'aplatissent ; le sillon qui divise transversalement la plaie se remplit ; la suppuration diminue.

Le traitement consiste chaque matin en douches et pansements à la liqueur de Villate, à l'alcool camphré, puis à la teinture d'aloès et à la poudre de charbon.

Le 11 août, c'est-à-dire 39 jours après l'accident, le genou présente encore un peu d'engorgement ; à sa surface existent, en grand nombre, de petites cicatrices consécutives à l'application du feu ; les poils commencent à repousser ; sur la face externe une cicatrice de 3 centimètres de diamètre ; en avant et en travers une cicatrice de 6 centimètres de long sur 3 de large.

La marche est régulière ; il n'y a pas la moindre boiterie, non seulement au pas, mais encore au trot.

Cet exemple de guérison ne prouve point, je le sais, l'infaillibilité du traitement employé ; il démontre au moins qu'on en peut faire usage, pour combattre avec succès une affection aiguë, et je me demande s'il n'est pas sage d'y recourir dans ces cas graves où, sans compromettre certainement la vie du sujet, la maladie doit presque fatalement le mettre hors de service.

Je pourrais continuer mes citations et en faire un volume. Je crois en avoir dit assez pour convaincre les incrédules, *s'il en reste*. Je veux cependant relater, en terminant deux observations qui prouvent, non seulement l'efficacité du feu en aiguilles, mais encore la persistance de ses effets.

En septembre 1875, le *Viveur*, cheval très énergique, âgé de quinze ans, monture de M. le sous-lieutenant Leberger, du 12ᵉ hussards, est atteint, au boulet antérieur gauche, d'un effort qui se caractérise par un énorme engorgement chaud et douloureux, et par une boiterie intense.

Traitement antiphlogistique, destiné à combattre les symptômes inflammatoires ; puis applications vésicantes qui n'amènent pas d'amélioration dans l'état du malade.

Dans le courant de janvier 1876, feu en aiguilles, suivi d'un abondant écoulement synovial.

A la fin d'août 1877, le boulet est encore assez volumineux, mais il a récupéré sa solidité ; la boiterie a disparu, et le *Viveur* gagne facilement les premiers prix de steeple-chase à Dinan et à Saint-Malo.

Au mois de janvier 1878, M. Moreau, vétérinaire à Saint-Jean-d'Angély, me fit présenter une jument propre au gros trait, âgée de 17 ans, sous poil alezan, appartenant à M. Sicard, entrepreneur, demeurant route d'Aunis, à Saint-Jean-d'Angély.

Cette bête, quand elle me fut amenée, était atteinte aux deux jarrets d'énormes vessigons tendineux dont l'un, le gauche, mesurait 63 centimètres de tour, et l'autre 57 centimètres. La marche très difficile ne pouvait s'effectuer sans frottement des deux tumeurs et la peau était dépilée, usée au point de contact.

Depuis quatre ans, les révulsifs les plus énergiques avaient été employés sans aucun succès, et M. Sicard,

croyant sa bête incurable, allait l'envoyer à l'équarisseur quand elle me fut confiée.

Dans le courant de janvier 1878, en présence du commandant et des officiers du dépôt de remonte de Saint-
Jean-d'Angély et de MM. Décisy et Moreau, vétérinaires,
je lui pratiquai l'igni-puncture, avec des cautères à
pointes de 18 millimètres.

Le 20 décembre 1879, c'est-à-dire deux ans après
l'opération, la guérison qui s'était fait attendre plusieurs
mois, était si radicale que le commandant du dépôt et
M. Moreau, malgré l'examen le plus minutieux, n'ont
pu trouver sur elle ni une trace de feu, ni la moindre
dilatation synoviale pouvant faire supposer que des
vessigons énormes avaient existé aux jarrets de la
jument qui leur est présentée.

En publiant cette brochure, j'ai voulu offrir à mes
lecteurs le fruit de mes observations et de mon expérience. Je ne me suis proposé qu'un but, être utile à
mes concitoyens et contribuer pour ma modeste part
aux progrès de l'art vétérinaire auquel j'ai l'honneur
d'appartenir.

Heureux si par mes efforts j'ai su conquérir les suf-
frages de mes collègues et surtout de mon honoré
maître, M. Bouley !

IMPRIMERIE LACHÈSE ET DOLBEAU. — 1881.